国家出版基金项目
NATIONAL PUBLICATION FOUNDATION

中国大科学装置出版工程

探索微世界
——北京正负电子对撞机

Exploring the Microscopic World
— Beijing Electron Positron Collider

王贻芳　主编

浙江出版联合集团
浙江教育出版社·杭州

　　新一轮科技革命正蓬勃兴起，能否洞察科技发展的未来趋势，能否把握科技创新带来的发展机遇，将直接影响国家的兴衰。21世纪，中国面对重大发展机遇，正处在实施创新驱动发展战略、建设创新型国家、全面建成小康社会的关键时期和攻坚阶段。

　　在2016年5月30日召开的全国科技创新大会、两院院士大会、中国科协第九次全国代表大会上，习近平总书记强调，科技创新、科学普及是实现国家创新发展的两翼，要把科学普及放在与科技创新同等重要的位置。习近平总书记"两翼"之喻表明，科技创新和科学普及需要协同发展，将科学普及贯穿于国家创新体系之中，对创新驱动发展战略具有重大实践意义。当代科学普及更加重视公众的体验性参与。"公众"包括各方面社会群体，除科研机构和部门外，政府和企业中的决策及管理者、媒体工作者、各类创业者、科技成果用户等都在其中。任何一个群体的科学素质相对落后，都将成为创新驱动发展的"短板"。补齐"短板"，对于提升人力资源质量，推动"大众创业、万众创新"，助力创新型国家建设和全面建成小康社会，具有重要的战略意义。

科技工作者是科学技术知识的主要创造者，肩负着科学普及的使命与责任。作为国家战略科技力量，中国科学院始终把科学普及当作自己的重要使命，将其置于与科技创新同等重要的位置，并作为"率先行动"计划的重要举措。中国科学院拥有丰富的高端科技资源，包括以院士为代表的高水平专家队伍，以大科学工程为代表的高水平科研设施和成果，以国家科研科普基地为代表的高水平科普基地等。依托这些资源，中国科学院组织实施"高端科研资源科普化"计划，通过将科研资源转化为科普设施、科普产品、科普人才，普惠亿万公众。同时，中国科学院启动了"科学与中国"科学教育计划，力图将"高端科研资源科普化"的成果有效地服务于面向公众的科学教育，更有效地促进科教融合。

科学普及既要求传播科学知识、科学方法和科学精神，提高全民科学素养，又要求营造科学文化氛围，让科技创新引领社会持续健康发展。基于此，中国科学院联合浙江教育出版社启动了中国科学院"科学文化工程"——以中国科学院研究成果与专家团队为依托，以全面提升中国公民科学文化素养、服务科教兴国战略为目标的大型科学文化传播工程。按照受众不同，该工程分为"青少年科学教育"与"公民科学素养"两大系列，分别面向青少年群体和广大社会公众。

　　"青少年科学教育"系列，旨在以前沿科学研究成果为基础，打造代表国家水平、服务我国青少年科学教育的系列出版物，激发青少年学习科学的兴趣，帮助青少年了解基本的科研方法，引导青少年形成理性的科学思维。

　　"公民科学素养"系列，旨在帮助公民理解基本科学观点、理解科学方法、理解科学的社会意义，鼓励公民积极参与科学事务，从而不断提高公民自觉运用科学指导生产和生活的能力，进而促进效率提升与社会和谐。

　　未来一段时间内，中国科学院"科学文化工程"各系列图书将陆续面世。希望这些图书能够获得广大读者的接纳和认可，也希望通过中国科学院广大科技工作者的通力协作，使更多钱学森、华罗庚、陈景润、蒋筑英式的"科学偶像"为公众所熟悉，使求真精神、理性思维和科学道德得以充分弘扬，使科技工作者敢于探索、勇于创新的精神薪火永传。

中国科学院院长、党组书记

2016 年 7 月 17 日

1988 年 10 月 16 日，这是一个值得永远纪念的日子，中国的第一台高能加速器——北京正负电子对撞机的正负电子束首次对撞成功。这不是一个普通的科学实验，它被誉为我国继"两弹一星"后，在高科技领域的又一项重大突破性成就。

从那时起，北京正负电子对撞机引起了无数人的关注。尽管它自建成后一直对社会开放，但对于没有机会亲自看一看这个"大家伙"的人来说，总是有点神秘。本书旨在揭开北京正负电子对撞机的神秘面纱，介绍中国建设北京正负电子对撞机的原因，北京正负电子对撞机的结构、工作原理以及利用它所取得的一系列重要成果。

人类对宇宙之大和物质之小等本源问题的思考，最初也许纯粹源于好奇心，但正是对这些问题的不断质疑和解答，引起了人类对世界认知的根本变化，推动了现代科学的创立和发展。世上万物的构成、浩瀚宇宙的演化、生命的起源与进化，这些人类最想解开的基本谜题都与微观世界的奥秘相关，粒子对撞机就是科学家用来探索微观粒子世界的利器。

北京正负电子对撞机着眼于国际粒子物理研究的竞争热点之一——"τ-粲能区"。对撞机由注入器、输运线、储存环等几大部分组成，它的"神眼"是由多种类型的子探测器组成的北京谱仪。20多年来，北京谱仪实验组先后取得多项重大研究成果，奠定了北京正负电子对撞机在国际高能物理领域的重要地位，成为国际上"τ-粲能区"物理研究的领跑者。

北京正负电子对撞机还做到了"一机两用"，其同步辐射光源对社会开放，成为我国凝聚态物理、材料科学、化学、生命科学、资源环境及微电子等交叉学科开展科学研究的重要基地，取得了大量具有重大经济、社会效益的成果。

北京正负电子对撞机在建造与运行过程中，催生了一大批新技术、新工艺和新发明，被广泛应用于农业、林业、采矿业、制造业、卫生、信息等国民经济领域。与对撞机相关的多项先进技术已经与人们的日常生活密不可分了。

北京正负电子对撞机完成历史使命之后将如何发展？中国科学家已经有了自己的目标。

感谢中国科学院高能物理研究所实验物理中心、加速器中心、多学科研究中心的一线科研人员对本书编写工作给予的支持；感谢秦庆研究员审校书稿；感谢杨云、刘捷为本书绘制了部分插图，提供了部分图片；感谢浙江教育出版社的编辑在本书策划到定稿的过程中提出宝贵意见。相信本书的出版将使读者了解中国第一个有代表性的大科学装置，并对它的成就留下深刻的印象。

中国科学院高能物理研究所所长　王贻芳

2015年9月

第一章

微观世界
究竟有
多小

你做过这样一个实验吗？将一张纸对折后撕开，再将其中的一半对折撕开，一直重复上面的过程，直到纸小得无法再用手撕。这张纸究竟能被撕到多小呢？是不是可以借助现代化的工具一直"撕"下去？也就是说，我们的微观世界究竟有多小？

扫码看视频

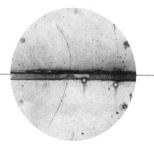

科学家利用云室装置记录到人类发现的第一个反物质粒子——正电子。

　　世界到底有多大，又究竟有多小，一直是人们苦思冥想的问题。我国古代的思想家就曾提出"一尺之棰，日取其半，万世不竭"的命题。意思是一尺长的木棒，从中间将其分成两半，第二天再把其中的一半分成两半，每日重复，将可以无穷尽地分下去。这是人类对世界微观结构的早期思考。

　　我国春秋时期，人们把金、木、水、火、土五种元素称为"五行"，认为万事万物都是由它们构成的，并且五行之间既能互相转化，也会互相制约，即相生相克。例如，木生火（古人钻木取火，木可以生火），水则可以克火（火遇水熄灭）。五行之间的这种转化和制约关系，构成了物质的循环。与中国古代相似，大约3000年前，古代印度人认为地、水、火、风、空五种成分组合起来，组成宇宙万物。约2500年前，古希腊人认为土、气、水、火四种元素组成世间万物。后来，古希腊哲学家将这种物质由几种基本元素组成的思想进一步发展，认为世界是由一种微小的不可再分的物质粒子组成，他们将之称为"原子"，原子在希腊语中就是不可再分的意思。

图1-1　一根木头可以永远劈下去吗

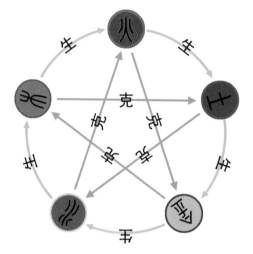

图1-2　中国古代"五行"学说

两千多年来，人类对宇宙之大和物质之小等本源问题的思考，对物质基本组成的探究从未停止。早期，由于科技水平的限制，哲学家仅凭自己对一些现象的观察，通过分析推理得出结论。所以，直到500年前，原子的概念还停留在思辨和推理的层次。

到了18世纪，真正的实验科学发展起来，化学家将两种不同的物质混合起来以获得新物质，或者将某种物质分解来观察其成分。他们发现，有些物质想尽办法也不能再分解成其他更简单的物质。于是，化学家认识到所有物质是由化学元素组成的，而某种元素又对应相应的原子。比如金属铁是由铁元素组成的，而铁元素对应铁原子。因此，化学家认为不可分割的原子是组成物质的最小单元。

📖 **知识链接**

道尔顿的原子模型

19世纪早期，英国化学家道尔顿（J. Dalton）在古典原子论的基础上提出了他的原子论思想：物质是由原子构成的，原子不能再分，同一种元素的原子

图1-3　化学家道尔顿

完全相同，不同种的元素对应不同的原子。道尔顿把原子描绘成坚硬的"实心球"。

① 阴极射线之谜

化学家通过大量的化学实验研究，推断出原子是物质的基本组成单元。但他们通过化学方法，并不能观察到单个原子。英国化学家克鲁克斯（W. Crookes）得知当时物理学家正在研究玻璃管中的稀薄气体放电现象，于是他从1875年开始也动手研制一种气体放电管（后来被称为克鲁克斯管）。

📖 知识链接

克鲁克斯管 克鲁克斯管的基本结构是一个两端有电极的密封玻璃管，管内的空气绝大部分被抽出，所剩气体非常稀薄。电极由片状或棒状的金属材料制成，两个电极分别通过导线与电池的正、负两极相连，与电池负极相连的电极称为阴极，与电池正极相连的电极称为阳极。接上电池后，玻璃管中将发出绿色

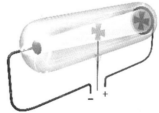

图1-4 化学家克鲁克斯及克鲁克斯管

的光。因为光是从阴极发出的，所以科学家将这种绿光称为阴极射线。克鲁克斯管有时也被称为阴极射线管。早期的电视机和电脑显示器主要就是采用这种阴极射线管来成像的。

最初，科学家是想利用这种管子来研究管内的少量气体分子或原子在加电后的性质，但人们很快发现绿光不是由管中的气体发出的，而是直接从阴极发出的。克鲁克斯在实验中还有一些重要发现，如阴极射线受磁场影响会发生偏转，因而他认为阴极射线不是光，而更可能是一种带电的粒子流。

克鲁克斯的研究引起了物理学家的极大兴趣，尽管很多人不肯相信阴极射线是一种粒子流。英国剑桥大学卡文迪什实验室主

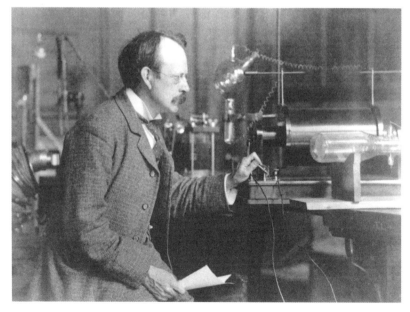

图1-5 物理学家汤姆孙
（图片来源：Cambridge University, Cavendish Laboratory）

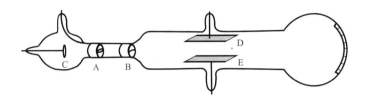

图1-6　汤姆孙用来验证阴极射线受电场影响发生偏转的实验装置

◇　该装置后来也被用来测量阴极射线粒子的荷质比。阴极射线从电极 C 发出，经过狭缝 A（阳极）和狭缝 B（接地）后成为一束，然后通过两个平行板 D 和 E 产生的电场时发生偏转，最后撞击在远端管壁的标尺上发光。

任汤姆孙（J. J. Thomson）也开始对阴极射线进行研究。他仔细分析了前人的实验后，倾向于认为阴极射线是带电粒子流。他首先着手研究验证阴极射线带负电荷的实验。汤姆孙对前人的实验装置加以改进，利用当时最先进的抽真空技术，消除了玻璃管内气体对阴极射线的干扰，证实了阴极射线在电场中会发生偏转，并且通过阴极射线偏向电场正极板的事实，证明了阴极射线带负电荷。

由此，汤姆孙得出结论："我已经能够肯定，阴极射线是带负电的粒子。"但他还想进一步弄清楚这些粒子是原子、分子，还是有更精细结构的物质。汤姆孙接下来着手确定该粒子的基本性质。尽管他还不能直接测量粒子的质量或电荷，但是他巧妙地设计实验，使电场力和磁场力互相抵消，从而先测出了阴极射线的速度。然后，再根据阴极射线在电场中的偏转程度，计算出该粒子的荷质比，即粒子所携带电荷与其质量的比值。汤姆孙采用不同的实验方法，换用各种不同形状的管子，还在管子里充不同的气体，甚至改用其他种类的金属作为电极来测量阴极射线粒子的荷质比，均得到了相同的值。这些实验结果说明该荷质比与电极的种类和管内的气体无关，确实是阴极射线粒子的性质。

1897年4月30日，汤姆孙在英国皇家科学院会议上报告了自己的工作，随后又发表了论文《论阴极射线》（*Cathode rays*）。氢原子是当时人们已知的最轻粒子，而汤姆孙所报告的阴极射线粒子的荷质比是氢离子的荷质比的约2000倍。这要么意味着该粒子的质量非常小，要么说明该粒子的电荷非常大。结合其他科学家的实验结果，汤姆孙倾向于认为该粒子的质量非常小。接下来，在汤姆孙的带领下，科学家确认阴极射线粒子所带的电量和氢离子所带的电量是相等的，也就是说阴极射线粒子的质量应该是氢原子质量的1/2000。后来，人们用"电子"一词来命名阴极射线粒子。

至此，汤姆孙终于揭开了阴极射线之谜，以无可辩驳的实验结果使20多年来有关阴极射线的争论告一段落。汤姆孙指出，电子是一切原子的组成成分，打破了原子不可再分的观念，并在此基础上提出了原子结构的"葡萄干布丁"模型，即认为原子是一个带正电的球体，带负电的电子镶嵌在其中。虽然汤姆孙的模型被后来的其他模型所代替，但它成为建立原子结构模型的开端。原子世界的大门从此被打开，人们迎来了20世纪近代物理学的新时代。

② 揭开原子的秘密

在汤姆孙等人提出原子结构的"葡萄干布丁"模型之后，许多物理学家试图通过实验来探明原子的结构。其中最著名的是卢瑟福（E. Rutherford）的α粒子散射实验。

在汤姆孙研究阴极射线、发现电子期间，卢瑟福恰在卡文迪什实验室工作。1907年，卢瑟福受聘于英国曼彻斯特大学。他与两个年轻的合作者一起，尝试用一种速度极高、带正电的物质（即α粒子）轰击金箔。α粒子是从一种不稳定的原子（称为放射性

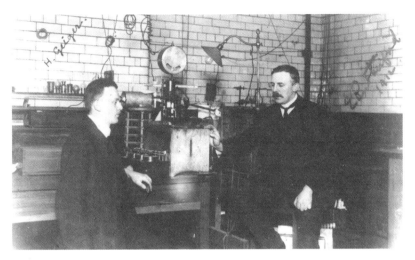

图 1-7 1913 年，卢瑟福（右）与助手盖革（H. Geiger）在实验室
（图片来源：AIP Emilio Segre Visual Archives, Physics Today Collection）

原子）中发出的。他们让一细束α粒子轰击金箔，金箔的另一侧放置一块荧光屏。结果发现，绝大多数的α粒子束穿过金箔，虽然会发生散射，但散射角度很小。这与卢瑟福的预期是一致的，正好解释在汤姆孙的"葡萄干布丁"模型中，正电荷是均匀分布的，恰能同均匀镶嵌的电子中和。但随后他们发现，大约每两万个α粒子中，会有一个α粒子向后散射，也就是说，α粒子沿着它原来入射的路线又反弹了回去。卢瑟福认为这是非常不可思议的："就像你对着一张薄纸发射一枚 15 英寸炮弹，但这炮弹却被纸弹回来击中了你。"

因为电子的质量大约仅为α粒子的 1/8000，α粒子打在电子上最可能的后果是把电子打飞，而不会使α粒子产生向后的散射。所以，卢瑟福认为α粒子肯定是打在其他带正电的物质上而发生的向后散射，而且带正电的物质不是分散成许多小粒子，而是原子内有一个小的核心（即原子核），原了核拥有原子的绝大部分质量，并携带正电荷，以吸引带负电荷的电子并使之始终在绕原子核的轨道上转动。这就是卢瑟福关于原子结构的有核模型。

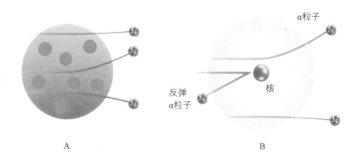

图1-8 卢瑟福散射实验中α粒子散射示意图

◇ 图A表示在"葡萄干布丁"模型中，α粒子发生小角度偏转；图B表示在有核模型中，α粒子反弹回来。

卢瑟福称原子核内带正电的粒子为质子，质子所带电量和电子的大小相等，但质量是电子的2000倍。1932年，不带电的中性核粒子——中子被发现了。中子的质量几乎与质子相等，质子和中子共同组成了原子核。

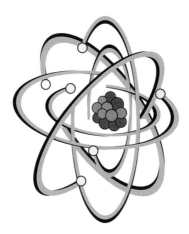

图1-9 碳原子示意图

◇ 原子核内有6个带正电的质子和6个不带电的中子，在原子核以外的大部分空间中，有6个质量非常小的电子在围绕原子核做高速转动。

卢瑟福在α粒子散射实验中所采用的方法一直为科学家所沿用，即以高速运动的粒子作为探针，用以撞击被测物体，通过测量撞击后射出的粒子的分布等特性，推算被测物体的性质。只是目前作为探针的高速粒子已不再由放射性元素提供，而是由高能加速器提供。本书主要介绍的北京正负电子对撞机就是这类大型加速器。现在这类实验的目的是研究原子核内粒子的结构。

③ 发现首个反物质粒子

1928 年，英国理论物理学家狄拉克（P. Dirac）把爱因斯坦的相对论引入描述电子的方程中，后来人们称该方程为狄拉克方程。好比一元二次方程 $x^2 = 1$ 有两个解 $x = 1$ 和 $x = -1$ 一样，狄拉克方程也有两个解，分别对应电子具有正的能量和负的能量。据当时物理学界达成的共识，粒子的负能量状态是不存在的。那么负号又意味着什么呢？经过缜密的思考，狄拉克认为该方程表明

图1-10 物理学家狄拉克

宇宙中的每个微观粒子都有其对应的反粒子，反粒子的质量和电荷与正粒子相同，仅是携带电荷的符号与正粒子相反。如电子的反粒子携带与电子等量的正电荷，且电子和反电子发生相互作用时，会湮没消失并释放出能量。

此时，实验物理学家正如火如荼地投入对宇宙线的研究中。宇宙线是从地球大气层以外的太空射来的粒子流，其中包括高能量的带电粒子流。当时的科学家大多采用一种叫云室的装置来研究宇宙线。为了得到所研究粒子的更多性质，科学家对云室装置不断改造，如在云室外面加上电磁场等。运动的带电粒子在磁场中会发生偏转，带正电的粒子偏向一侧，带负电的粒子偏向另一侧，而且入射粒子的速度决定其径迹的弯曲程度，速度越大则径迹越接近直线，速度越小则径迹弯曲得越厉害，因此，科学家可以获得入射粒子的电荷符号及速度等信息。

图1-11 物理学家赵忠尧

1929年，苏联物理学家斯科别利岑（D. Skobeltsyn）在用云室研究宇宙线时，观察到一些高能带电粒子的行为类似于电子，但在磁场中的偏转方向却与电子相反。同年，正在美国加州理工学院攻读博士学位的赵忠尧在实验中也独立观察到类似现象。这些都是人们最早观察到电子的反粒子的实验迹象。由于当时人们还不了解狄拉克关于反粒子的理论，所以没有对这一现象予以重视。

1932年，与赵忠尧同在加州理工学院的安德森（C.D. Anderson）在用云室研究宇宙线时，也观察到了行为类似于电子的带正电荷的粒子。起初安德森怀疑粒子可能是由相反方向入射的，因为这样就可以解释粒子在磁场中的偏转方向。后来，安德森在云

图1-12 1932年，安德森记录下的正电子的照片
（图片来源：Carl D. Anderson, Physical Review, Vol.43, p491, 1933）

室中插入一块铅板，这样，当入射粒子受到铅板阻挡再次出射时，速度就会降低，出射粒子的径迹应当比入射前弯曲得更厉害，从而可以判断云室照片中粒子的运动方向。1932年8月，安德森记录下了一张具有历史意义的照片（见图1—12）。从图中可以看出，铅板上方的粒子径迹弯曲程度比下方大，由此判断出带电粒子是从下方入射通过铅板的。因为预设的磁场方向是垂直照片平面向里的，所以可以确定该粒子携带的是正电荷。此后，英国卡文迪什实验室的布莱克特（P. Blacket）和欧查里尼（G. Occhialini）的实验验证了安德森所发现的带正电荷的粒子，并

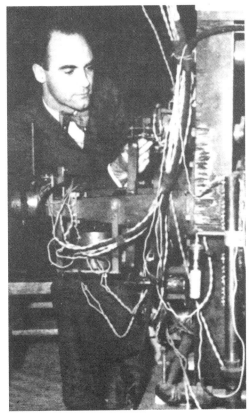

图1-13　物理学家安德森和他的云室装置

认为它正是狄拉克预言的电子的反粒子。后来，人们把电子的反粒子命名为正电子。安德森发现的正电子是高能宇宙射线衰变成正负电子对产生的。正电子是人类发现的第一个反物质粒子，这以后经过20年的不懈努力，科学家才在实验室里制造出第二种反粒子——反质子。

从狄拉克关于反粒子的预言，到反粒子被陆续发现，人们逐渐认识到物质世界的任何微观粒子都存在相应的反粒子。反粒子可以组成反物质，当物质和反物质相遇时，双方就会湮没，并释放巨大能量。1933年12月，狄拉克在诺贝尔物理学奖的获奖演讲

中指出，或许存在一个完全由反物质组成的"镜像世界"。但迄今为止，科学家尚未找到任何臆想中的"反物质世界"，宇宙的物质—反物质不对称现象已经成为当前科学家研究的重大前沿课题之一。

北京正负电子对撞机就是把正电子和负电子（也就是通常所说的电子）分别加速到接近光的速度，使它们具有很高的能量，在磁场的约束下让它们迎头对撞的装置。根据爱因斯坦（A. Einstein）相对论的著名公式 $E=mc^2$，正电子和负电子湮没后，会产生其他的新粒子。

📖 知识链接

- **$E=mc^2$ 与正负电子对撞** 在爱因斯坦相对论的著名公式 $E=mc^2$ 中，E 代表能量，m 代表质量，c 代表光速（约为 $3×10^8$ 米/秒），该公式表明"能量和物质的质量等效"，也可以说成"能量可以转化为物质的质量"。从这个公式

图1-14　物理学家爱因斯坦

可以看出，在对撞机中，电子和正电子的速度越大，则对撞前的能量（E）越高，产生的粒子的质量（m）也就越大。这也是为什么对撞机中要把电子和正电子加速到接近光速来进行对撞的原因。

④ 走进夸克世界

　　在1932年发现正电子后的二三十年里，新粒子不断被发现。这些粒子难以归入当时既有的理论框架之中，物理学家为此颇感烦恼。1955年，诺贝尔物理学奖获得者兰姆（W. Lamb）在获奖演讲中甚至说："一个新的基本粒子的发现者过去常常被授予诺贝尔奖，但是如今，这样的发现应该被罚一万美金。"随着新粒子的不断被发现，物理学家也很难一下子记住这么多粒子。著名物理学家费米（E. Fermi）在回应一位青年物理学家的问题时说道："年轻人，假如我能记住这些粒子的名称，那么我早就成为植物学家了。"

　　为了更清楚地认识这些粒子，科学家尝试将它们分类。当时物理学家注意到质子、中子间的作用力具有一定的对称性。就是说，无论在质子之间、中子之间，还是在质子和中子之间，它们的相互作用几乎是相同的。从变换的角度来看，这就意味着如果把质子和中子进行互换，相互作用是不变的，表明质子、中子之间存在某种对称性。后来科学家又发现，在当时被探测到的大量粒子中，有一类粒子的行为相当古怪。它们如同质子、中子一样在实验中被大量地产生，但衰变成其他粒子的时间却很长，这是很奇怪的一种现象。因此，科学家引入了奇异量子数，以便将这类粒子与质子、中子等区别开来。

　　1962年，美国物理学家盖尔曼（M. Gell-Mann）和以色列物理学家尼曼（Y. Ne'eman）将数学上的对称思想应用到当时已经发现的粒子上，各自独立地提出了粒子分类的方法。他们把有相近性质的粒子分成一个个的族，或是八个一族，或是十个一族。盖尔曼借用八卦的概念，称之为八重法。

　　盖尔曼发现，在他按照八重法归纳的粒子家族中本应存在的一个粒子，实验中还没找到。于是，他在1962年欧洲核子研究中

图1-15　物理学家盖尔曼

心（CERN）召开的一次物理学术会议上，预言了一种电量与电子相同，奇异量子数为−3的粒子，还预言了该粒子的质量等性质。两年后，美国布鲁克海文国家实验室的一个小组宣布发现了盖尔曼所预言的粒子，而且实验结果完全符合盖尔曼的理论预言，从而使盖尔曼的八重法模型轰动了整个物理学界。然而，八重法的背后又暗示了什么呢？

　　1964年，盖尔曼和兹韦格（G. Zweig）分别提出，这些粒子大家族是由三个更基本的单元组成的。盖尔曼起初称之为"kwork"，意指"奇怪可笑的小东西"。后来，他恰巧读到作家乔伊斯的小说《芬尼根的守灵夜》，其中提到苏格兰的一种鸟，会发出"quark、quark、quark"的叫声，盖尔曼是个不折不扣的鸟类爱好者，因此他将这个更深层次的基本粒子称为夸克（quark）。

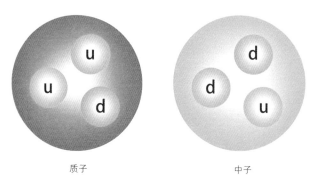

质子　　　　　　　　　　　　　中子

图1-16　质子和中子的夸克成分

盖尔曼为夸克标记了方向，它们被称为上夸克（u）和下夸克（d），第三种夸克是组成奇异粒子的主要成分，因此被称为奇异夸克（s）。上夸克、下夸克和奇异夸克现在被称为"味道"（flavor），即最初盖尔曼定义的三种味道的夸克。

质子是由两个上夸克和一个下夸克组成的，而中子则由两个下夸克和一个上夸克组成。

📖 知识链接

夸克和轻子的"味道" "味道"的概念由物理学家盖尔曼和弗里奇（H. Fritzsch）于1971年引入物理学。他们在冰淇淋店闲谈时，受冰淇淋有巧克力、草莓等不同口味的启发，突发奇想决定用"味道"来区分不同的夸克和轻子，质量小的粒子叫作"轻味"（light flavor），质量大的粒子叫作"重味"（heavy flavor）。

1967—1973年，实验物理学家利用斯坦福直线加速器中心的电子直线加速器，以类似于卢瑟福实验的方式，用电子轰击质子，发现了质子中有更小的类似点状的结构，从而在实验上证实了夸克的存在。

⑤ 粲夸克和τ轻子

在发现正电子以后，安德森于1936年又发现了质量约为电子质量200倍的μ子（缪子）。后来，科学家认识到μ子除了质量比电子大以外，其他性质与电子类似，也是类点粒子，因为电子、μ子质量比其他粒子轻，所以被称为轻子。之后，科学家又发现了电子型中微子和μ子型中微子，它们都是轻子家族的成员。到了20世纪60年代，物理学家对比已经发现的四种轻子和夸克模型中的三种夸克，猜测应该存在第四种夸克。美国理论物理学家格拉肖（S. L. Glashow）在1964年发表的文章中称其为粲夸克（c夸克）。科学家认为，粲夸克是上夸克的重型版本，只有轻子和夸克种类对称起来，才符合自然对称之美。

1974年，格拉肖来到美国布鲁克海文国家实验室，再次敦促实验物理学家寻找粲夸克。同年，美籍华裔物理学家丁肇中领导的研究组，在布鲁克海文实验室的交互梯度同步加速器（AGS）上发现了一种质量是质子质量三倍多的粒子。根据以往实验经验，粒子的质量越大，越不稳定，会很快衰变成其他质量更小的粒子。而实验测得该新粒子的"寿命"比预期长5000倍，科学家因此猜测它有新的内部结构。与此同时，在美国物理学家里克特

图1-17　理论物理学家格拉肖

（B. Richter）的领导下，美国斯坦福直线加速器中心也发现了同样的实验现象。1974年11月，丁肇中在布鲁克海文、里克特在斯坦福几乎同时宣布发现了新粒子——由粲夸克和反粲夸克组成的粒子，丁肇中将其命名为J粒子，里克特将其命名为ψ粒子，后来人们用J/ψ来称呼该粒子。

J/ψ粒子的发现，是理论物理学家和实验物理学家共同的胜利。它促使理论物理学家整理和归纳基本粒子的组合方式，这是温伯格（S. Weinberg）等人建立的电弱统一理论的基础，而该理论很快就发展成为粒子物理学的"标准模型"。

当时人们已经发现了两"代"基本粒子，以及负责在它们之间传递相互作用的粒子。每一代基本粒子由两个轻子和两个夸克组成。第一代包括电子、电子中微子、上夸克和下夸克；第二代包括μ子、μ子中微子、粲夸克和奇异夸克，它们的质量要比第一代粒子的质量更大。

有科学家认为，除了电子和μ子以外，还可能存在重轻子（第三代轻子），美国实验物理学家佩尔（M. L. Perl）利用斯坦福直线加速器中心的对撞机SPEAR开始了寻找重轻子的艰苦工作。1975年初，佩尔等人的实验探测到一个特性与已知轻子类似，但质量比电子重3500倍的新粒子。经过反复检验，最终证明该粒子就是第三代轻子，后来被称为τ。

τ轻子的发现，引入了第三

图1-18　丁肇中实验组发现J粒子

代基本粒子。自此之后，由于理论和实验的结合，人们对基本粒子物理的理解更为深入，发现并研究了第三代基本粒子的四个成员——τ轻子、τ中微子、顶夸克（t）、底夸克（b）。

J/ψ粒子的质量与τ轻子的质量比较接近，可以在同一加速器上产生，因此相关研究工作被称为τ-粲物理。直到20世纪80年代末期，这个领域的实验研究在很大程度上仍停留在很初级的阶段。北京正负电子对撞机是专门为研究τ-粲物理而设计的，即对撞前正电子和电子的能量之和恰好在τ轻子或J/ψ粒子的质量附近，这时实验中产生该类粒子的可能性就会很大。加上对撞亮度高，就能获取较多的粒子事例，J/ψ粒子和τ轻子的性质将进一步得到精确测量和研究。同时，还有可能探测到其他与它们质量相近的未知粒子。

⑥ 粒子物理标准模型

自从1897年汤姆孙发现电子以来，数以千计的物理学家的理论研究和实验发现，使得人们对物质微观结构有了深入的了解。到20世纪80年代初期，一个可以用来描述全部观测到的基本粒子的理论框架取得了足够多的实验验证，并得到了广泛的承认。这就是基本粒子的标准模型，它是描述组成物质世界的基本粒子以及它们之间的相互作用（引力除外）的理论。

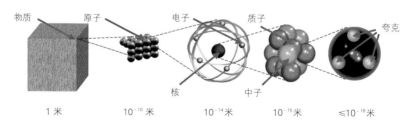

图1-19 物质组成示意图（物质由原子组成，原子又包括原子核和核外电子，原子核里有质子和中子，质子和中子都分别由三个夸克组成）

标准模型认为：我们周围的物质都是由基本粒子组成的，它们是物质的基本组成单元。基本粒子分成两类，称为夸克和轻子。每一类又包括6个粒子，它们两两配对，或称为代。质量最小的，也是最稳定的粒子构成第一代，以此类推，质量较大、稳定性较差的粒子构成第二代、第三代。宇宙中所有稳定的物质都是由第一代基本粒子组成的。重的粒子很快就会衰变成为稳定的粒子。6种夸克两两组合成三代，上夸克和下夸克是第一代；粲夸克和奇异夸克是第二代；顶夸克和底夸克是第三代。类似地，轻子也分成了三代，电子和电子中微子是第一代；μ子和μ子中微子是第二代；τ子和τ子中微子构成第三代。电子、μ子、τ子携带一个单位负电荷，并且具有相当大的质量，而中微子是电中性的且质量极其微小。

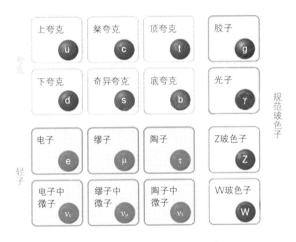

图1-20　基本粒子大家族

宇宙中存在四种力：强力、电磁力、弱力和引力，它们的作用力程（力作用的有效距离）和强度都有天壤之别。其中，引力的强度是最弱的，但力程可以达到无限远。电磁力也有无限远的作用力程，但强度比引力大许多倍。弱力尽管被称为弱力，但它的强度还是比引力强许多，只是在标准模型囊括的强力、电磁力、弱力三者中，它是最弱的。强力则名副其实，其强度在四种力中是最强的。弱力和强力的作用力程很短，仅在质子、中子大小尺度起作用。

📖 知识链接

● **格拉肖蛇**　1979年诺贝尔物理学奖获得者格拉肖，用一张"蛇形图"讲述了物质从宏观的天体到微观的粒子的生动故事，展示了物质世界的尺度和学科的分野。谈到这条"格拉肖蛇"的首尾相衔，格拉肖强调这并不意味着天体物理把粒子物理吞没，而是指在足够小和足够大的尺度下，两者具有统一的理论，即电磁力、弱力、强力和引力相互作用"合四为一"。

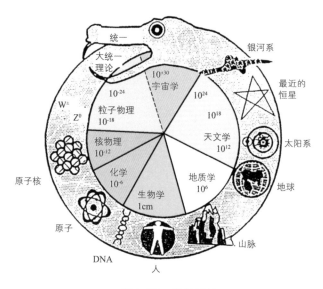

图1-21　格拉肖蛇

三种基本力是通过物质间交换力的传播子——规范玻色子而发生作用的。物质粒子通过彼此之间交换玻色子来传递能量。每种力都有它对应的玻色子：强力由胶子传递，电磁力由光子传递，弱力由 W^+、W^- 和 Z^0 三种粒子传递，科学家普遍认为还应该存在一种传递引力的引力子，但目前尚未发现。

📖 **知识链接**

● **玻色子**　基本粒子具有一个被称为自旋的特征量，这是研究微观世界的量子理论所特有的。如果用我们平常熟悉的概念来做类比，可以认为自旋有点类似于自转。基本粒子中，自旋为整数的粒子称为玻色子，如光子、胶子的自旋都是1。自旋为半整数的粒子称为费米子，如电子、夸克、中微子的自旋都是1/2。

标准模型包括了强力、电磁力和弱力，以及它们的传播子，而且很好地解释了这些力是如何在物质粒子上发生作用的。然而，我们日常生活中最熟悉的引力，却没有包括在标准模型之内，而且事实已表明想把引力包括进来非常困难。量子力学用来描述微观世界，广义相对论用以描述宏观世界，很难把它们统一在同一理论框架内，至今还没有人能够将这两个体系和谐、统一地进行描述。但幸运的是，当讨论粒子微观的尺度时，引力的效果弱到可以被忽略。所以尽管标准模型无法将引力包括进来，它还是能很好地解释物质微观现象。

微观世界到底有多小，在本章的末尾我们希望能给读者一个明确的回答。欧洲核子研究中心的大型正负电子对撞机（LEP）上的正负电子散射实验证实，在 10^{-17} 厘米尺度上没有发现电子有内部结构，即电子仍然可看成点粒子。德国质子—电子对撞机（HERA）上的高能电子探针已经可以探测到10^{-18}厘米，但仍然没有探测到比夸克更深一层次的物质。所以我们只能告诉读者，当前科学家看到的最小的粒子是电子和夸克这一层次的所谓基本粒子，目前认为它们是没有内部结构的点粒子。

第二章

研究微观
世界的
利器

　　微观世界这么小，迄今为止，科学家尚未看到它的尽头。然而，世上万物的构成，浩瀚宇宙的演化，生命的起源与进化，这些人类最想解开的谜题都与微观世界的奥秘相关。"工欲善其事，必先利其器。"这是孔子说过的话，意思是想要做好事情就需要有好的工具。本章将要介绍的就是探索微观世界的利器——粒子加速器与探测器。

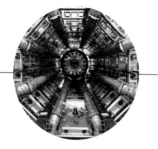

物理学家将物质分割再分割，寻找构成物质的最小组分。

① 粒子加速器呼之欲出

日常生活经验告诉我们：要想搞清楚一个物体的结构，就一定得想办法进入它的内部或者把它击散，看看它到底是由什么组成的。但是，对于微观世界来说，要研究的对象实在是太小了。卢瑟福在1911年用实验揭开原子的秘密。一个普通原子的大小约在10^{-10}米，仅有1毫米的千万分之一，而原子核更小，它位于原子的中心部分，大小约10^{-14}米，只是原子的万分之一。

当时，科学家形容做这种类型的实验就好比用"炮弹"去轰击目标，所研究对象的尺度越小，击碎它所需"炮弹"的能量就越大。过去，科学家只能利用天然放射源产生的射线粒子作为"炮弹"来进行实验，虽然简单方便，但是"炮弹"的能量不高且流强低，能够产生核反应的概率太小了，很难进行精确定量的实验。

发现原子核后，科学家想知道，原子核是不是个实心的球体呢？要想进一步通过实验来研究，究竟需要多大威力的"炮弹"呢？根据相关理论计算，要击碎原子核至少需要能量极高的粒子源。卢瑟福在1928年曾感慨地说："我一直希望有一种比天然放射源的能量更高的带正电的粒子源。"

科学研究的急切需求，极大地激发了人们寻求更高能量的粒子来作为"炮弹"的热情，粒子加速器时代呼之欲出。到20世纪30年代，各种加速粒子的设想纷纷涌出，被称为"粒子加速器"的不同类型的实验装置先后建成，包括直线加速器、回旋加速器、倍压加速器和静电加速器等。

② 第一台直线加速器

　　1924年，瑞典人伊辛（G. Ising）提出加速带电粒子概念。他在发表的文章中给出了一个直线加速器的设计图样：由一个直的真空管道和一系列带孔的金属圆筒形电极组成加速器。他设想，通过相邻的筒形电极之间的高频电磁场来完成带电粒子的加速，利用电压源与相应筒形电极之间传输线长度不同而造成的时间延迟，来实现带电粒子通过每个筒形电极时恰好被加速。他的设计受当时电磁技术水平所限，很难实现。但是，他提出的概念非常重要，可以说对直线加速器的发展产生了里程碑式的影响。

　　这一时期，正在德国攻读博士学位的挪威人维德罗意（R. Wideroe）提出了电子感应加速器的原理，即利用交变磁场产生的交变电场，来加速一个环状真空管道中的电子束。遗憾的是，他的实验很长时间都未能成功，他制作的加速器一直没能得到被加速的电子束流。后来，人们才理解那是由于当时还不知道需要加聚焦磁场。此时的维德罗意陷入了困境——博士论文无法通过，毕业几乎无望了。不过天无绝人之路，维德罗意恰在此时看到了伊辛的论文，他受到了很大启发。

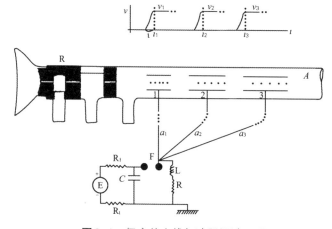

图2-1　伊辛的直线加速器设计原理

维德罗意借鉴伊辛的方案，提出了利用较低的电压沿直线用级联方式加速重离子的方法，由此避开获得高电压的困难。他在1928年发表的文章中描述了与伊辛不同的设计原理，将筒形电极交替地接高频电源和地，筒形电极的长度随着粒子速度的增加而逐渐加长，这样就可以保证粒子每次都在正确的时间到达筒形电极的间隙，从而起到加速作用。

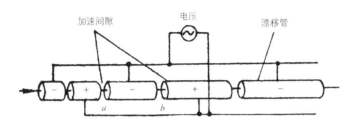

图 2-2　维德罗意加速器示意图

维德罗意攻读的是电气工程专业，此时他的工科特长得到了充分发挥。他利用一根88厘米长的玻璃管，制造出世界上第一台直线加速器，并验证了他的设计原理。这种加速器方案后来被称为"维德罗意型直线加速器"。由于受当时高频技术的限制，这种加速器只能将钾离子加速到50keV，实用意义并不大。不过，维德罗意并没有想到，他发表的一篇论文会使劳伦斯（E. Laurence）从中获得灵感。

特）；MeV（10^6eV，百万电子伏特）、GeV（10^9eV，十亿电子伏特）、TeV（10^{12}eV，万亿电子伏特）。

粒子物理学常用的自然单位制中，一般将光速设成没有单位的1，此时粒子的质量单位也用电子伏特表示。

③ 直流高压加速获得突破

1928 年前后，实验物理学家卢瑟福正被一个问题深深困扰：根据经典力学的理论计算，粒子应该被牢牢地束缚在原子核内，只有超大能量才能使其逃脱原子核的束缚。但是，实验时所用"炮弹"根本没有那么大的能量，却千真万确地测到了从原子核中逃出的粒子，这该如何解释呢？

一个年轻人帮了卢瑟福的大忙。1928 年 6 月，24 岁的伽莫夫（G. Gamov）在德国哥廷根大学参加暑期学习班。他对新的量子理论在原子核的研究中能起什么作用特别感兴趣。他翻阅了大量有关实验原子核物理学的最新文献，发现卢瑟福在 1927 年发表的一篇文章中，描述了自己对镭散射实验现象的困惑，也提出了解释这种现象的假设。

伽莫夫对卢瑟福的假设不感兴趣，他认为这种实验现象虽然不能用牛顿经典力学进行解释，却可以用新问世的波动力学来解释。在波动力学理论中，不存在不能穿透的势垒。有个形象的比喻是：原子核中的粒子被核力所束缚，就好像有一座环形山从外部将它们包围住了，粒子的能量没有达到使它们可以翻越这座山而出逃。按照经典力学的说法，粒子是无法通过这座山的，但是按照量子力学的分析，粒子则有可能通过这座山，即原子核内的粒子可以不从山上跨越，而是偶然从山中的隧道穿过去。这种现象被称为"隧道效应"。

伽莫夫从理论上计算了打开原子核所需的带电粒子的能量。他预言，利用隧道效应，带电粒子的能量只需有500keV就足以冲破原子核。如果在正、负两个极板加上500kV的高电压，就能把质子加速到500keV，这正是当时的高压技术能够达到的。伽莫夫建议卢瑟福建造高压倍加器来加速质子。高压倍加器是一种高压型加速器，它采用串激式倍压整流电路产生直流高电压，用以加速带电粒子。

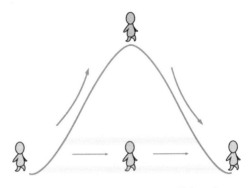

图2-3　量子力学隧道效应示意图

📖 知识链接

伽莫夫　伽莫夫在原子核物理学和宇宙学方面成就斐然，是"大爆炸"宇宙理论的创始人之一，并在生物学上首先提出"遗传密码"理论。他还是一位杰出的科普作家，他的科普作品《从一到无穷大》《物理世界奇遇记》等风靡全球。

图2-4　物理学家伽莫夫

图2-5 直流高压倍加器

卢瑟福对伽莫夫的建议产生了极大兴趣。他让助手科克饶夫（J. D. Cockcroft）和沃尔顿（E. Walton）开始设计倍压型高压发生器。1932年，科克饶夫和沃尔顿使用倍压技术研制成功高压发生器。这是世界上第一台直流高压型加速器，用其产生的能量为0.4MeV的质子束轰击锂靶，首次实现了人工产生束流的核反应，意义非比寻常。事隔多年之后，科克饶夫和沃尔顿的这项成就并没有被遗忘，他们获得了1951年的诺贝尔物理学奖。

差不多在同一时期，范德

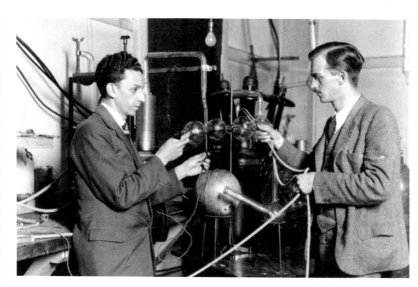

图2-6 科克饶夫（左）与沃尔顿（右）

格拉夫（R. Van de Graaff）发明了一种静电起电机，又称范德格拉夫加速器。这种加速器通过传送带将产生的静电荷传送到中空的金属球表面，从而获得很高的电压，用来对带电粒子加速。

④ 回旋加速的灵感

20世纪20年代末，科学家都在努力寻找加速粒子的方法。当时实验室中的很多设备都需要很高的电压，电压越高，实验设备越容易被电压击穿，因此对绝缘材料的要求十分严苛，从某种程度上可以说是绝缘材料限制了加速粒子技术的发展。当时，年轻的劳伦斯在美国物理学界已经小有名气。他1928年来到教学环境和实验设备条件都比较好的美国加州大学伯克利分校，一直苦苦思索如何突破这一瓶颈。

1929年初，劳伦斯在学校图书馆翻阅期刊，无意中发现一本德文的电气工程杂志上刊登的维德罗意的论文，立刻被吸引住了。劳伦斯并不懂德文，可他从文章的插图、照片以及列出的数据，很快理解了维德罗意关于避开高电压的困难，而使粒子得到多次加速的设计理念。他忽然获得灵感，找到了一直在寻找的解决加速粒子技术问题的答案。他顾不上细读这篇文章，立即着手进行了简单的估算。如果用维德罗意的这个原理将质子加速到实验研究所需的100MeV能量，直线加速器的管道至少要好几米长，

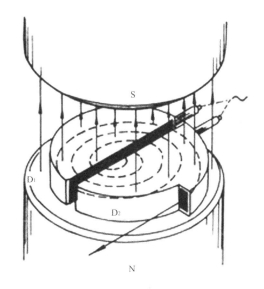

图2-7　劳伦斯的回旋加速器原理图

这在当时还无法实现。

此时，劳伦斯的脑中闪过一个念头，能否不用在一条直线上的许多圆筒形电极，而是只用两个电极，通过某种适当的磁场使带电粒子反复通过这两个电极来加速呢？这其中的关键是怎样实现让粒子以某一频率运动，与电极上的脉冲电场产生谐振以达到不断加速的目的。经过详细计算，劳伦斯提出了一种获得高速粒子的新方法——将均匀磁场和电压交替变化的高频电场恰当地配合，可以使粒子沿着半径不断增大的螺旋线形轨道运动而逐步加速，这是最早的回旋加速器的概念。

紧接着，劳伦斯给出了可行的设计方案。1930年春，他让研究生做了两个结构简单的回旋加速器模型，其中的一个还真显示出了能工作的迹象。随后，劳伦斯让他的学生利文斯顿（S. Livingston）用黄铜和封蜡制作了加速器的真空室。这个小小的装置直径只有4.5英寸（约11厘米），但已具有了加速器的主要特征。1931年1月2日，他们在这个微型回旋加速器上加了不到1kV的电压，就可将质子加速到80keV的能量。这就是世界上第一台回旋加速器。

1932年，劳伦斯和利文斯顿又制作了直径为9英寸（约23厘

图2-8 劳伦斯与直径4.5英寸的回旋加速器

图2-9 直径11英寸的回旋加速器

米）和11英寸（约28厘米）的同类仪器，可把质子加速到1.25MeV。

此时，从英国卡文迪什实验室传来了好消息，科克饶夫和沃尔顿用直流高压型加速器首次实现人工产生束流轰击分裂锂原子核。可劳伦斯对自己的回旋加速器很有自信，他清楚地了解直流高压加速器在提高能量的情况下将被高压击穿的问题所在（大致限制在10MeV以内），而回旋加速器则有更大的优势。劳伦斯和学生们夜以继日地工作，果然，不久之后，他们就在小小的11英寸回旋加速器上轻而易举地实现了科克饶夫和瓦尔顿的核反应实验结果。劳伦斯的这一成果充分显示出回旋加速器的优越性，也使整个科学界认识到了它的意义。

劳伦斯制作回旋加速器的热情更高了。1932年12月，他和利文斯顿制造了直径为27英寸（约69厘米）的回旋加速器。它可将质子加速到4.8MeV，为劳伦斯取得丰硕研究成果创造了条件。从1934年3月起，劳伦斯和他的学生一直从事用回旋加速器产生人

图2-10　劳伦斯（右）与利文斯顿（左）在27英寸回旋加速器前

造同位素的研究。在这台加速器上陆续制造出钠-24、磷-32、碘-131、钴-60等同位素。劳伦斯所在的美国加州大学伯克利分校成为当时核物理的研究中心。他们把生产出来的放射性同位素提供给医生、生物化学家、农业和工程科学家，这些放射性同位素被广泛应用在医疗、生物、农业等领域。

1936年，在劳伦斯的主持下，直径27英寸的回旋加速器被改造为37英寸（约94厘米），粒子能量达到了6MeV。就在这台加速器上，劳伦斯完成了中子磁矩的测量，并且制造出第一种人造元素——锝（Tc）。因这一成果，劳伦斯获得了1939年的诺贝尔物理学奖。在加速器发展史上，他是获此殊荣的第一人。

⑤ 奇妙的自动稳相

20世纪30年代，从原理上来说，粒子加速的能量瓶颈并未完全被克服。困扰科学家的主要问题是：回旋加速器中采用的是恒定的主导磁场，如果粒子在做回旋运动时，每转一圈到加速腔间隙时正好被加速，粒子就会不断被加速了。可事实并非如此，随着粒子被加速，它们的运动轨道半径会越来越大（束流轨道是螺旋线形的，这也意味着需要更加庞大的磁铁），轨道周长增大的影响与粒子运动速度的增加相抵消，而相对论效应会使高速粒子的质量增大，使粒子回旋的频率越来越慢。但在回旋加速器里，用来加速的高频电场的频率是固定的，粒子每转一圈到达加速腔间隙该被加速时，却无法赶上加速的那个点，粒子就逐渐失去与加速电场频率的"同步"关系，这个现象被称为"滑相"。"滑相"会使粒子逐步滑向减速区，限制了回旋加速器加速粒子提高能量。

为了克服"滑相"效应，科学家想过许多办法，其中一个办法是巧妙地采用扇形或螺旋线形的特殊磁铁，使粒子每一圈的回旋频率保持不变，这就是等时性回旋加速器。英国人托马斯（L.

H. Thomas）1938年就提出了这种办法，但因制作这种特殊形状的磁铁受到当时技术上的限制，以致这一想法被搁置了十多年。

另一种办法是让加速粒子的高频电场频率随着粒子回旋频率"同步"地变化。也就是说，能量合适的粒子在最合适的时间到达加速腔最合适的位置时再次被加速。可新的问题又来了，由于加速后的粒子能量各有偏差，它们到达加速腔的位置也有先有后，大量的粒子偏离理想的轨道乱跑怎么办？打个比方，有一队运动员在跑道上跑步，每隔一段距离，教练就推他们一把来加快跑步速度。如果这些运动员的速度完全一致，都在教练正要推一把的时刻同时到达那个位置，那就好办了，这支运动员队伍的速度会保持一致。可如果有的人跑得快，有的人跑得慢，想保持好队形，教练推后面的运动员时必须比推前面的更用力一些，不然这支队伍就散掉了。在加速器里，粒子运动的情况与之有些类似，但要更复杂一些，因为不仅粒子到达用于加速粒子的高频腔的时刻有早有晚，粒子之间的能量也有差异。那用什么办法才能稳定地加速这些粒子呢？

1944年，苏联的维克斯列尔（V. Veksler）和美国的麦克米伦（E. M. McMillan）分别独立发现了加速器奇妙的自动稳相原理，即加速器中能量和位置存在误差的粒子会在高频场的作用下自动围绕在与电场保持同步的粒子附近振荡而不会越离越远。还是用跑步的运动员来比喻，这些运动员会自动调节自己，向要求的时间及位置靠拢，过快的放慢一些，过慢的加快一些，跑偏的向中心聚拢。整个跑道上的运动员自动聚集成一个个方阵被有规律地加速。

正由于存在自动稳相原理，加速器中的粒子束并不是连续的，而是自动被聚成一个个束团。一个束团内的粒子只要不超出允许偏离的范围，就可稳定地得到加速。这个原理很神奇，理论上的推算虽然可以得到认可，但是否真能变为现实呢？直到1946

图2-11 麦克米伦正在解释自动稳相的原理

年，第一台稳相加速器在美国伯克利实验室建成，自动稳相原理才得到了真正的验证。虽然稳相加速器（又称同步回旋加速器，其中高频电场的频率与粒子回旋频率同步，而主导磁场仍保持恒定）本身并没有得到很大的发展，但它所验证的自动稳相原理却具有十分重要的意义。

自动稳相原理的发现是加速器发展史上的一次重大变革。粒子加速器的建造从此突破了原理上的限制，产生了一系列新型加速器。维克斯列尔和麦克米伦这两位科学家因此获得了1963年和平应用原子能奖。

⑥ 从弱聚焦到强聚焦

虽然发现了自动稳相原理，但是提高加速器的能量还受到另外一个重要因素的限制。稳相加速器采用的是恒定磁场，束流的轨道也同回旋加速器一样，是螺旋线形的，而磁极必须覆盖束流的轨道，因此需要庞大的磁铁。而磁铁的质量和造价与磁极半径的三次方成正比，即近似地与粒子能量的三次方成正比。随着加速器能量的增加，建造加速器需要使用的磁铁质量与造价急剧上升，加速器所能达到的能量实际上仍然被限制在1000MeV以下。

进一步的改进是设法将不同能量的粒子轨道集中到一个半径固定的环形轨道上，沿着环形轨道放置磁铁。这样磁铁的体积和质量可以近似地与粒子能量的一次方成正比，大大降低了加速器的造价。只是这种类型的加速器在水平和竖直两个方向上聚焦粒子的能力都比较弱，并且因为磁铁设计参数的缺陷，在某些情况下，两个方向的聚焦能力还会出现相互制约的情况，加之被加速

图2-12 1955年美国劳伦斯伯克利国家实验室的6.2GeV质子加速器

的粒子散得很开（科学家们称之为弱聚焦），要容纳这些粒子的真空盒就要有很大的尺寸。苏联杜布纳联合核子研究所的10GeV加速器是最庞大的弱聚焦加速器，它的半径为28米，磁铁总质量达到36000吨，真空室的截面尺寸为1.5米×0.4米，足以容纳一个成年人在里面爬行。

图2-13　苏联杜布纳联合核子研究所的10GeV弱聚焦质子同步加速器

正因为所需磁铁的质量与真空盒的尺寸越来越大，造成建造加速器所需投资急剧攀升，极大地限制了加速器的发展。科学家一直在思考怎样才能克服这个瓶颈，让磁铁和真空盒能够再小些。

1952年，美国的库朗（E. D. Courant）、利文斯顿（M. S. Livingston）和施奈德（H. S. Snyder）提出了"强聚焦原理"。根据这个原理，在粒子加速的轨道上选择适当的参数，巧妙地将聚焦磁铁和散焦磁铁交替地周期性地安置（就像在光学系统中，交替安放聚焦的凸透镜和散焦的凹透镜），使粒子在水平和竖直两个方向上都得到较强的聚焦作用，提高聚焦性能，真空盒的截面得以大大缩小，加速器的真空盒尺寸也大大减小，磁铁造价因此大幅降低，加速器获得了向更高能量发展的可能。强聚焦也被称为交变梯度聚焦。

图2-14　强聚焦原理的发明者

○ 物理学家利文斯顿手中拿着的纸型
显示了相同磁场梯度的强聚焦磁铁尺寸
大小，可用来与后面的弱聚焦磁铁对比。

美国布鲁克海文国家实验室的交变梯度同步加速器AGS是最早采用强聚焦技术的质子同步加速器。1960年7月，AGS将质子加速到了33GeV的高能量，这是当时用其他方式所不可能获得的。

如果采用弱聚焦技术，AGS想达到这样的能量需要孔径50—150厘米的磁铁，整个加速器将重达20万吨，这根本不可能实现。而采用强聚焦技术，AGS磁铁孔径的尺寸只有几英寸，总质量约4000吨。AGS成为当时世界上性价比最高的加速器，科学家在AGS上取得的成果获得了三项诺贝尔物理学奖。AGS的成功，充分说明了强聚焦原理的重大意义。

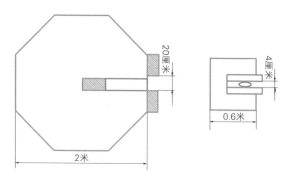

图2-15 强聚焦和弱聚焦同步加速器典型的磁铁孔径和外形尺寸比较

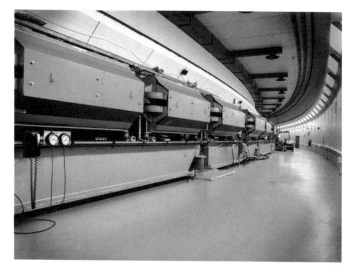

图2-16 美国布鲁克海文国家实验室的质子同步加速器AGS

　　强聚焦原理的发现是加速器发展史上一次影响巨大的革命，时至今日，高能加速器（能量高于1GeV）仍普遍采用强聚焦技术。

⑦ 我怎么没想到对撞呢

　　20世纪60年代之前，科学家使用加速器进行高能物理实验均延续了卢瑟福的做法——用加速粒子轰击静止靶，然后研究所产生的次级粒子的动量、方向、电荷、数量等。当粒子的动能比它的静止能量高许多时，在轰击静止靶的情况下，轰击之后粒子仍具有很大的动能，束流的大部分能量浪费在打靶后粒子及其产物的动能上，只有很小一部分用于打开

图2-17　物理学家费米

粒子，加速粒子参加高能反应的实际有效能量很受限。要探索更深层次的微观世界，就需要建造有更高能量的大型加速器。

　　物理学家费米1954年去世前曾提出建设质心系能量为3TeV加速器的设想。根据计算，倘若采用束流轰击静止靶的方式，费米设想的这台加速器的偏转半径要高达8000千米，比地球的半径6400千米还要大，当时估算的造价为1700亿美元，需40年建成。很显然，费米的这个设想只是"天方夜谭"。

　　建造更高能量的加速器其实还真有一个诀窍。曾在1928年建造出世界第一台直线加速器的维德罗意早在1943年就申请过一项"对撞储存环"的专利，提出了让高速粒子对撞的设想，可惜的是当时并没有人注意他的设想，维德罗意自己也没想到在多年之后会被人誉为"对撞机之父"。

　　1960年，奥地利人托歇克（B. Touschek）提出了建造正负电子对撞机的方案，即让电子与正电子在同一个

图2-18　物理学家托歇克

环状管道中以相反的方向运动，在某一点设法让它们对撞。这种让两束高能粒子相对撞的方式，可使加速的粒子能量充分地用于高能反应或新粒子的产生。不少科学家看到托歇克的方案后可真想捶胸顿足，感叹自己怎么会没想到呢。这其实是一个浅显的道理：一辆开着的车去撞一辆静止的车，怎么能比得上两辆对开的车迎头相撞破坏力大呢？

1961年，世界上第一台正负电子对撞机AdA在意大利的弗拉斯卡蒂国家实验室建成。AdA的直径仅约1米，但可将正负电子加速到250MeV，有效作用能量达到500MeV，成功地完成了对撞机原理的验证。

对撞机的成功是加速器能量发展史上的又一次根本性的飞跃，开辟了粒子加速器向更高有效能量发展的新纪元。随着粒子物理研究的发展需求，各种类型的对撞机如雨后春笋般出现在世界各大高能物理实验室。对撞机已经能将产生高能反应的等效能

图2-19　世界上第一台正负电子对撞机AdA

量（即在打静止靶情况下，为了达到相同的有效作用能量所需要的束流能量）从1TeV提高到10—1000TeV，现代用于高能物理研究的加速器基本都以对撞机的形式出现。加速器的发展速度如此之快令人难以想象，目前，世界上最大的对撞机——欧洲大型强子对撞机LHC，其有效作用能量达到14TeV，周长约27千米。

束流打静止靶

束流对撞

图2-20 束流打静止靶和束流对撞

📖 知识链接

大型强子对撞机LHC 欧洲核子研究中心的大型强子对撞机LHC是目前世界上规模最大、能量最高的对撞机，其设计质心系能量为14TeV，主要科学目标是寻找粒子物理标准模型所预言的希格斯粒子，探

图2-21 LHC位置示意图

索新的物理现象。

　　LHC位于瑞士和法国交界地区地下约100米深处，东起瑞士的日内瓦湖，西至法国的侏罗山。环形隧道周长约27千米，主隧道孔径3.76米，如果步行走完隧道全程要花4个多小时。LHC内部共有9300块磁铁，其中包括1232块长约15米的二极磁铁（用于弯转粒子束）和392块长5—7米的四极磁铁（用于聚焦粒子束）。由于粒子非常小，让它们相撞如同让从相距10千米的两地发射出来的两根针相撞，所涉及机械、高频、真空、超导、低温、电子学、数据处理等极高难技术均属国际最前沿水平。

　　LHC的建设历时十多年，参与工程建设的科学家和资金来自几十个国家。2012年7月4日，欧洲核子研究中心宣布LHC上的实验发现了质量约为125GeV的希格斯粒子，填补了标准模型最后也是最重要的一

图2-22　LHC的地下隧道

个缺口，从某种意义上完备了标准模型，为下一步对
希格斯粒子的精确测量指明了方向，并标志着一个寻
找超出标准模型的新时代开始了。而提出希格斯粒子
理论预言的比利时物理学家恩格勒（F. Englert）和英
国物理学家希格斯（P. Higgs）获得了2013年的诺贝
尔物理学奖。

⑧ 云雾室再现云中美景

经加速器加速的高能带电粒子束打固定靶，或者让粒子束对
撞，科学家可以研究物质深层次的结构，此时不可缺少的是捕捉
粒子碰撞后所产生信息的"神眼"，这就是粒子探测器。让我们先
来看看早期的探测器是如何发明的。

英国的威尔逊（C. T. R. Wilson）1892年从剑桥大学毕业后，
即在学校参加实验研究。1894年，威尔逊到英国第一高峰——本
尼维斯山的天文观测站当了几个星期的临时观测员，他被山峰上
阳光照射云彩时产生的瑰丽日晕深深地吸引，情不自禁地想：能
不能在实验室中再现这种异常美丽的景象呢？此时他没想到，这
云中美景竟然影响了他的一生。

1895年，威尔逊动手制作了一套空气膨胀设备，让潮湿空气
在密闭的玻璃容器内绝热膨胀成为饱和状态，当饱和超过一定程
度时容器内形成了云雾，用光照射云雾就能呈现出美丽的彩霞。
当时科学界普遍认为，要使水蒸气凝结，每颗雾珠必须有一粒尘
埃为核心。可威尔逊偏偏认为，没有尘埃又会怎么样呢？他仔细
除去仪器中的尘埃，再做实验时，发现潮湿而无尘的空气膨胀

后，在某种条件下依然会出现云雾。这说明玻璃容器内一定还有别的凝结核存在，威尔逊对形成雾珠的凝结核产生了浓厚的兴趣。

1895年11月，德国物理学家伦琴（W. K. Rontgen）发现X射线的消息轰动了全世界。肉眼看不见的X射线具有很高的穿透本领。威尔逊用X射线照射玻璃容器内的过饱和气体，云雾竟然立即出现了，这说明X射线使空气电离后产生了凝结核。威尔逊又用新发现的铀射线、紫外线等进行了一系列的照射实验，他的实验数据为汤姆孙进行的离子电荷测量提供了参考。带电粒子是看不见的，但带电粒子作为凝结核形成的雾珠却是可见的，因而可以利用这个重要的特性来显示带电粒子的踪迹。

1910年，威尔逊继续研究气体膨胀装置。他当时关注的是如何将玻璃容器中形成的雾珠记录下来。于是，他下功夫钻研最佳形状玻璃容器的设计，以及用什么方法才能成功拍摄形成雾珠的那个瞬间。1911年初，这项探索性的实验还没按原计划完成，他也没抱太大成功的希望，但实验结果却让他欣喜不已：X射线照射时形成的雾珠构成了细小的线条，清楚地显示出空气被X射线电离后带电离子的运动轨迹。这年夏天，威尔逊制造出第一台用于观测射线径迹的云室（也称云雾室），这就是历史上最早期的带电粒子径迹探测器。

此后，威尔逊又对云室进行了多次改造，增设了拍摄带电粒子径迹的照相设备，到1923年时，云室已成为当时研究基本粒子的锐利武器。威尔

图2-23 物理学家威尔逊与他的云室

逊用云室观察到并照相记录了α粒子和β粒子的径迹。由于威尔逊在云室方面的贡献，他获得了1927年的诺贝尔物理学奖。威尔逊云室在粒子物理学发展史上具有重要的地位，20世纪30年代初期，不少学者创造性地利用云室取得了重要成果。

师从卢瑟福的布莱克特（P. M. S. Blackett）1924年起对威尔逊云室做了一系列重要改进，他将云室出现的轨迹不管是否有意义都随时记录的方式，改为由盖革计数器检测到粒子再启动照相记录，大大提高了探测效率，所得到的每张照片许多都包含着重要的信息，为云室在近代物理研究中的应用翻开了崭新的一页。布莱克特因此获得了1948年的诺贝尔物理学奖。

图2-24　物理学家布莱克特

1932年，安德森（C. D. Anderson）与内德梅耶（S. Neddermeyer）将云室置入强磁场中，用以观测宇宙射线进入云室后留下的轨迹。通过对1300张粒子轨迹照片的详细分析，安德森发现了英国理论物理学家狄拉克预言过的"反"粒子——正电子。这是人类第一次从实验中发现反物质，由于这一重大发现，安德森获得了1936年的诺贝尔物理学奖。

1932年，卢瑟福的学生查德威克（J. Chadwick）在证实卢瑟福1920年猜想的原子核内可能存在的一种中性粒子——中子的一系列实验中，也借助了云室实验的重要数据，查德威克因此获得了1935年的诺贝尔物理学奖。

⑨ 气泡室是喝啤酒得到的启发吗

美国的格拉塞（D. A. Glaser）对研究基本粒子情有独钟。格拉塞是个有心人，他对当时用于这个领域的各类实验技术进行了广泛的比较。当时使用最多的云室只能探测几百万电子伏特能量的粒子，远远不能满足粒子物理研究发展的需求，眼看1GeV量级的加速器即将问世，采用怎样的粒子测量手段才能适应这一新的形势呢？不少科学家尝试用液体代替云室的气体，可未取得实质性的进展。格拉塞也正为如何更好地探测高能粒子的运动径迹而苦思冥想。

格拉塞认为，只有用高密度、大体积的透明介质来替代云室中的气体，才能观测到速度高得多的粒子径迹。他普查了各种液体和固体的特性，注意到过热液体的不稳定性。在高压条件下，如果有电离作用的射线穿过突然减压的过热液体，就会在穿过的途径上发生局部沸腾，引发大量气泡的产生，从而显示出粒子的径迹。然后气泡室可在短时间内恢复至高压状态，气泡立即消失，开始下一次测量。这个过程不像云室那样在气体中形成液滴，而是恰恰相反，在液体中形成气泡。

格拉塞利用这一原理制成了世界上第一台气泡室，气泡室直径虽然只有2厘米，却能在乙醚液中显示出宇宙射线粒子的径迹。1953年后，格拉塞致力于发展各种不同类型的气泡室，配以强大的电磁铁，充以液氢、氖、丙烷和其他介质。气泡室因密度大、循环快，所搜集到的各种信息大约是云室的1000倍，成为探测高能带电粒子径迹的新的有效手段。从粒子的径迹中科学家能了解许多情况，因气泡室放在强磁体的两个磁极之间，那些能够留下气泡径迹的粒子总是带电的。带电粒子在磁场的作用下，运动路径会朝一个方向弯曲，从路径弯曲的方向以及弯曲程度，就可以确定它们的运动速率，再加上径迹的粗细等因素，就能大致确定

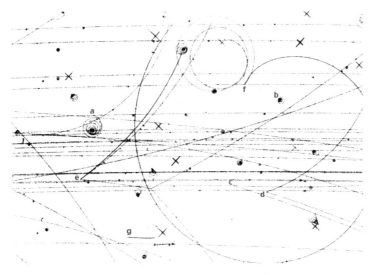

图2-25　气泡室得到的粒子径迹

粒子的质量。当一个粒子衰变成两个以上的粒子时，它的径迹就会分叉，当粒子发生碰撞，径迹也会分叉。在一张特定的气泡室照片中，会出现大量径迹。有粒子相遇的、分开的，还有分叉的。有时在一个径迹的几个部分之间还有些空白，这些空白就要用某种不带电的粒子来解释，不带电粒子在气泡室中运动时不会留下可见的径迹。物理学家从各种径

图2-26　物理学家格拉塞和他的气泡室

迹的复杂组合中可以辨认出粒子类型，或者发现某种新的粒子。

　　1957年后格拉塞和其他人合作，陆续在粒子物理实验中取得了几项重要成果。格拉塞因发明气泡室及对粒子物理学做出的贡献，获得1960年的诺贝尔物理学奖。

气泡室技术的推广和飞速发展必须要提及物理学家阿尔瓦雷茨（L. W. Alvarez）。

阿尔瓦雷茨兴趣广泛，富于想象，特别善于承担大型的实验项目。他曾从事过宇宙射线、加速器、雷达和原子弹等方面的研究。阿尔瓦雷茨提出了建造液氢气泡室的庞大计划，他组织了一批各领域的技术专家来设计液氢气泡室。最早设计的液氢气泡室直径为1.5英寸（约4厘米）。1954年，阿尔瓦雷茨在实验中发现了液氢中的带电粒子径迹。随后，他的研究小组逐步将气泡室的直径增大到4英寸（约10厘米）、6英寸（约15厘米）、10英寸（约25厘米）、15英寸（约38厘米），并于1959年建成了直径达72英寸（约1.8米）的液氢气泡室。阿尔瓦雷茨还组织研制了用半自动方式扫描成百万张径迹照片输出至计算机的设备，并安排人员编写计算机程序，根据径迹在磁场中的弯曲程度来确定与每条径迹相应的粒子的动量，辨认事例中每个粒子的"姓名"，使复杂的径

📖 知识链接

• 1953 年 4 月，劳伦斯伯克利实验室的阿尔瓦雷茨去华盛顿参加美国物理学会的会议。第一天午餐时，阿尔瓦雷茨在旅馆花园里的一张大桌子旁坐下，这一桌几乎所有的座位都被他相识的老朋友占满，大家谈论着在一起工作时的情景。坐在阿尔瓦雷茨左边的正是来自密歇根大学的博士后格拉塞，阿尔瓦雷茨与他聊起了对物理学的兴趣。格拉塞说自己 10 分钟的报告被安排在会议最后一天的最后一节，很担心没什么人来听。阿尔瓦雷茨坦承自己也不会待到那个时间，就请格拉塞谈谈他的报告内容。格拉塞给阿尔瓦雷茨讲述了自己发明气泡室的情况以及最新的进展，并展示了一张粒子通过 2 厘米玻璃瓶中乙醚时所留下的气泡径迹照片。

谁也没想到这看似平常的偶遇竟对气泡室的发展产生了非常重要的影响。格拉塞的工作给阿尔瓦雷茨留下了深刻印象，他意识到对于粒子物理来说，这可能是个"大创意"。当晚，阿尔瓦雷茨就与同事在旅馆房间里讨论了此事。阿尔瓦雷茨希望回到伯克利后立即开始研制比格拉塞气泡室更大的液氢气泡室。

迹数据转化成物理上有意义的形式。到 1968 年，阿尔瓦雷茨的仪器经过改进，每年测量的事例量超过 100 万件，几乎等于所有其他实验室工作量的总和。

20 世纪 50 年代，气泡室一度成为最风行的探测设备，为粒子物理学创造了许多重大发现的机会。由于阿尔瓦雷茨对粒子物理

图2-27　阿尔瓦雷茨与他的气泡室

图2-28　1973年开始运行的欧洲大型气泡室（BEBC）直径达3.7米，高度达4米

学的贡献，特别是因为他发展了液氢气泡室技术、数据处理技术和数据分析方法，大量短寿命粒子（也称为共振态）因此项技术而得以被陆续发现，阿尔瓦雷茨获得了1968年的诺贝尔物理学奖。

⑩　由正比计数管到多丝正比室

20世纪50年代后，粒子物理研究进入了夸克层次，要求轰击粒子的能量更高。利用高能量和高粒子束流强度的加速器（或对撞机）进行的实验，要求快速记录越来越复杂的事例。传统的径迹探测器的记录速度已经赶不上需求了，于是各类电子学探测器不断出现，加之这个时期的电子学技术及计算机技术进步飞速，在粒子发现史上起过重要作用的径迹照相探测器就不得不逐渐让位于电子学探测器了。

1968年出现的多丝正比室就是电子学径迹室的一项重大突

破，夏帕克（G. Charpak）是关键人物，当时他35岁。从1959年起，夏帕克一直在欧洲核子研究中心工作，参加了一些很重要的物理实验，他关注的重点是新型粒子探测器。同事们都夸夏帕克思想活跃，一天就有好几个想法。夏帕克认为，有了想法就可以通过实验试一试。

多丝正比室的前身是正比计数管，这在当时属于30多年前的发明，并不算新鲜东西。经典的正比计数管是在直径约为1厘米的管子中央装一根细丝，在管壁与细丝间加上几千伏的高压，细丝作为阳极。当带电粒子穿过充满气体的管子时，会使管内气体产生电离，即气体的中性原子会释放出带负电的电子而变成带正电的离子。由于管壁与细丝间的高压电场作用，带负电的电子就会向管中心的细丝运动。接近细丝的地方电场非常强，电子被大大加速，可产生足够的能量使气体电离，促使更多的电子被释放。这些电子又被加速，造成电子和正离子就像雪崩一样急剧地增加。正是由于电子和离子的运动引起阳极丝产生电信号，给出了带电粒子通过的信息。正比计数管确定粒子位置的精度其实就是计数管本身的尺码，大约是1厘米。

正比计数管具有探测效率高、时间分辨率高、允许高计数率等优点，自20世纪30年代起应用十分广泛。随着粒子物理实验要求的不断提高，希望记录粒子径迹能做到高精度和大面积的覆

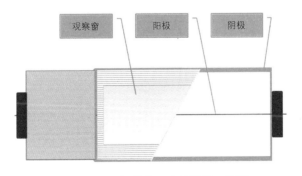

图2-29　经典的正比计数管示意图

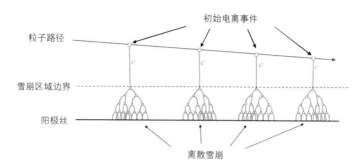

图2-30　正比计数器的离散雪崩示意图

盖。要想获得大面积的探测系统，简单的办法应该是将很多正比计数管排列起来，不过因管子外壳的限制，无法提高系统的空间定位精度。那么，能不能去掉管子外壳，制作一个有很多阳极丝而只有一个公共阴极外壳的"多丝正比计数管"呢？从1949年到1956年，有不少人做了艰苦的努力但始终未能获得真正的成功。当时的主要困扰是：这类多丝结构的多根阳极丝离得很近，普遍认为丝与丝之间会因相互感应等问题串通信号，无法确认入射粒子的准确位置，造成整个装置不能正常工作。实验中也确实看到了给某根丝注入信号时，临近的丝上也有信号产生。因此，很多设计都被局限住了，人们将重点放在了如何屏蔽或隔离阳极丝。这样的思路影响了整个系统的空间定位精度，又造成系统过于复杂，因此，在很长时间内都未能获得突破。

夏帕克没有被大多数人的想法束缚，他不断提出设想，坚持进行各种试验。后来，他在相关的理论研究上首先获得了重大突破。他指出，在多丝结构中，入射粒子在某根阳极丝上形成的信号极性是负的，而此时在临近丝上形成的感应信号极性是相反的，只要巧妙地采用只对负极性信号灵敏的放大器，就可以使每根阳极丝如同一个独立的正比计数管般工作。1968年，他首次发表了这一开创性研究成果。

夏帕克成功研制出世界上第一台可用的多丝正比室，用大量的平行细丝组成多丝正比室，所有这些细丝都处于两个相距几厘米的阴极平面之间的一个平面内，阳极细线的直径约为0.1毫米，间距约为1或几毫米，空间定位精度可达到1毫米或更小。每根丝都能承担高达每秒几十万次的粒子记录速

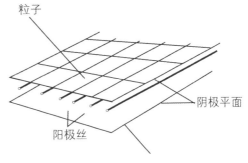

图2-31　多丝正比室示意图

率，在当时这已是非常高的速率了。夏帕克提出的这种新结构能以模块的方式组成所需的各种体积和形状，易于制成大面积探测器，适用于进行不同规模和特点的实验。

多丝正比室的每根丝都单独配备一个放大器，运用现代电子学技术建成电子读出系统，用计算机记录信号并处理大量数据。与以照相为主记录带电粒子径迹的方法相比，多丝正比室成千倍地提高了获取实验数据的速度，并能最大限度地遴选出实验者所希望研究的事例，对那些能真正揭露物质内部秘密的粒子间的相互作用进行高效率的分析。多丝正比室成为粒子探测器发展史上的一个里程碑，现代粒子物理学实验所用的多种径迹探测器都是

图2-32　1970年，夏帕克（左）与同事正在制作多丝正比室

图2-33 欧洲核子研究中心主楼外草坪上的欧洲大气泡室

由此项发明发展而来的。

1969年，夏帕克又提出了具有更高径迹定位精度的新型探测器——漂移室的概念。漂移室的基本构造类似于多丝正比室，不同之处在于它预先测定了电子在气体中漂移的速度，实验中测量从粒子通过瞬间产生的原始电离，至电子漂移到阳极丝产生电信号之间的时间间隔，可以更精确地确定原始电离距离阳极丝的位置。这样，粒子位置的空间分辨率可大大提高，达到小于0.1毫米的精度，时间分辨达5纳秒，探测效率接近100%。漂移室的结构比多丝正比室更简单，造价也低得多，更便于制成各种形状的大面积探测器。这一设想后来由夏帕克和他的合作者实现，进一步推动了不同类型丝室的大规模发展。夏帕克因在气体探测器方面的卓越贡献，获得了1992年的诺贝尔物理学奖。

在20世纪五六十年代发现大量共振态的过程中扮演重要角色的气泡室等探测器，则从此逐渐退出了历史舞台。如今，欧洲大气泡室被放置在欧洲核子研究中心主楼外的草坪上，供人们参观。

⑪ 从"单眼"到"复眼"，大型谱仪诞生

随着粒子物理研究的深入，加速器能量的不断增长，需要测量的粒子不仅数量巨大，要测的参数也越来越多，仅用单个类型的探测器已无法完成探测粒子的需求。20世纪60年代末，粒子物理研究的固定靶实验和对撞机实验，相继出现了由多种类型探测

器组成的大型磁谱仪——探测器就不再是单一探测器的"单眼"，而变为多台探测器组合的"复眼"了。

大型磁谱仪用于探测粒子碰撞后产生的次级粒子，研究其物理过程和规律，可以观测和记录粒子碰撞后在极短时间内发生的全部过程。大型磁谱仪的结构就如同儿童搭积木一样，各种类型的子探测器根据科学研究的需要被安放在不同的位置和层面。每个子探测器都有各自专门的职能，分别负责测量某种次级粒子的电荷、能量、动量、质量和飞行时间等参数。实验中通过庞大、复杂的数据处理系统来进行数据的采集与处理，并可通过网络使世界各地的科学家都可以对所获得的海量数据进行分析，定量重建整个粒子碰撞后的反应过程，研究其与已知物理过程的异同，以发现新粒子以及寻找新的物理现象和规律。

大型磁谱仪可以说是十八般武艺齐全，在粒子物理探测方面能充分显示出综合性能的优势。近年来，大型磁谱仪的规模越来越大，精度越来越高，获得了许多重要的粒子物理实验成果，其中不乏一些重大发现。例如，1974年发现的J/ψ粒子、1975年发现的τ粒子、1983年发现的中间玻色子W和Z⁰，以及2012年发现的希格斯粒子等。

📖 知识链接

世界上规模最大的磁谱仪 目前世界上最大的探测器当属大型强子对撞机LHC上的ATLAS。LHC上主要的探测器有6个，包括ATLAS（超环面仪器实验）、CMS（紧凑μ子线圈实验）、ALICE（大型离子对撞实验）、LHCb（LHC底夸克实验）四个大型探测器，以及TOTEM（全截面弹性散射探测器实验）和

LHCf（LHC前行粒子实验）两个较小型探测器。

图2-34 LHC上的大型探测器位置示意图

规模最大的ATLAS属多用途大型磁谱仪，用于分析在加速器中通过对撞产生的数量庞大的粒子。ATLAS探测器长46米，宽25米，高25米，总质量约7000吨。以对撞点为中心，ATLAS由一系列同心同轴圆柱壳形设备和其两端的圆盘形设备所组成，每秒钟能记录下质子间6亿次碰撞的事例并记录下有关的粒子路径、能量以及特性等数据。

图2-35是目前世界上最大的磁谱仪ATLAS的构造示意装置。ATLAS的子探测器分为四个部分：

μ子谱仪：漂移室(1)、薄隙室(2)；

磁铁系统：端部环状磁铁(3)、外筒层环状磁铁(4)；

内部探测器：跃迁辐射探测器(5)、半导体径迹探测器(6)、半导体像素顶点探测器(7)；

量能器：电磁量能器(8)、强子量能器(9)。

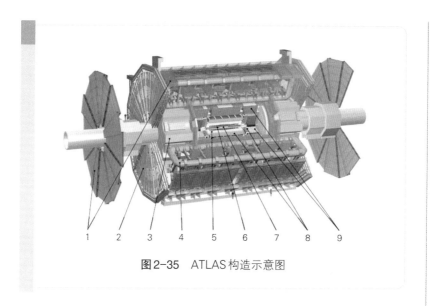

图2-35　ATLAS构造示意图

⑫　追梦没有尽头

　　自世界上第一台加速器问世以来，新建加速器主要是朝更高能量的方向发展，寻找、研究新粒子和新的物理现象，探索新的突破。近90年里，加速器的能量大致提高了9个数量级，同时每单位能量的造价降低了约4个数量级，如此惊人的发展速度在其他学科领域是罕见的。在发展过程中，任何一种类型的加速器都会经历发明、发展、加速能力或经济效益受限的阶段。正是由于发展受限，才不断推动、激发了新技术或新原理的出现，从而建造出新型的加速器，使加速器能量进一步提高，或使建造更高能量的加速器在经济上成为可行。

　　新一代粒子物理实验对粒子探测技术提出了极具挑战性的要求，包括具有更快的时间响应、极高的空间分辨率、多径迹分辨率与粒子识别能力，具有更庞大的体积以对大能量范围的粒子进行精密测量，具有很强的磁场以进行高动量测量，具有更低的本底与低噪声，具有极高的抗辐射能力和具有高集成度、快响应电子学、快速大规模数据处理系统等。

进行现代粒子物理实验，能量高或者亮度高的加速器和高精度的大型磁谱仪两者缺一不可，相辅相成。我国国内的粒子物理研究装置，经历了从无到有的跨越式发展，如今已经跻身世界先进水平行列。老一辈科学家建立中国自己的粒子物理研究基地的梦想已经成为现实。然而，追梦没有尽头，我国年轻的科学家又有了新的梦想。

图2-36 ATLAS探测器

经过几十年的发展，粒子加速器、探测器均已成为庞大的家族，据不完全统计，世界上正在运行的各类加速器已超过三万台，其中小部分用于原子核和粒子物理的基础研究，绝大部分属于以加速器应用为主的"小"型加速器。粒子探测器技术的发展可以说日新月异，新的探测技术层出不穷，大批新型探测器应运而生。加速器、探测器技术在基础研究、应用研究等世界科技前沿，国防安全等国家战略需求，以及国民经济等各个领域发挥着不可或缺的重要作用，有着极为广泛的应用。本书第八章会有较详细的介绍。

第三章

北京正负电子
对撞机的渊源
与发展

北京正负电子对撞机是我国第一台基于加速器的高能物理实验装置。它的建成曾被誉为"中国继原子弹和氢弹爆炸成功、人造卫星上天之后，在高科技领域又一重大突破性成就"。从1984年10月动工，到1988年10月首次实现正负电子对撞，它的成功建造是世界加速器史上的一个奇迹，中国从此拥有了一把揭开微观物质世界之谜的"金钥匙"。

北京正负电子对撞机的对撞区。

① 别了，杜布纳

在俄罗斯莫斯科附近的加里宁州杜布纳，静静的伏尔加河和茂密的白桦林环抱着一座著名的国际科学城——杜布纳联合核子研究所。杜布纳联合核子研究所曾拥有当时世界上最大的高能粒子加速器，是世界著名的核物理和高能物理研究中心。事实上，我国的高能物理实验研究即起步于此。

1956年，在周恩来的直接领导下，国务院科学规划委员会制定了《1956—1967年科学技术发展远景规划纲要》，其中将"原子核物理与基本粒子物理"确定为物理学重点发展的三个学科之一。高能物理实验研究依赖能产生高能粒子束的大型实验装置，当时我国的财政状况和基础工业水平还没有能力建造这样的装

图3-1　1956年杜布纳联合核子研究所12个成员国的全权代表会议（图片来源：杜布纳联合核子研究所）

置，只能开展一些理论研究和宇宙线方面的实验研究工作。

第二次世界大战后，原先从事武器研究的一些实验室，如美国的洛斯阿拉莫斯、橡树岭、阿贡等实验室逐渐开始从事基础科学研究。随着研究的深入，高能加速器的能量不断提高，规模不断增大，所需资源已经不是单一一所大学或研究机构所能承受的。1946年起，美国东部的九所大学联合建立了一个区域性的核物理实验室，即现在位于纽约长岛的布鲁克海文国家实验室。1954年，欧洲各国也联合起来，在瑞士日内瓦建立了一个国际性的研究机构——欧洲核子研究中心。

1956年，为了推动社会主义国家的原子能和平利用，并与欧洲核子研究中心竞争，苏联提议由社会主义国家成立联合研究所。当年3月，苏联、中国、波兰、南斯拉夫、罗马尼亚等12个国家的代表在莫斯科签署协议，组建联合核子研究所。秋天，杜布纳联合核子研究所正式成立，主要研究方向包括高能物理实验、核结构、核反应、中子物理和理论物理等。

图3-2　20世纪60年代，在杜布纳联合核子研究所工作的中国学者

图3-3 王淦昌（右一）、赵忠尧（左一）、胡宁（左三）、周光召（左四）在杜布纳联合核子研究所的学术会议上

杜布纳联合核子研究所成立之初，中、苏及其他成员国的专家合作良好，中国工作人员与苏方合作顺利，也得到了苏联专家各方面的帮助。1960年后，中苏关系恶化，中国工作人员很难在联合核子研究所正常地开展研究工作。

1964年11月，周恩来率领中国代表团前往苏联参加十月革命47周年纪念活动。在莫斯科期间，他接见了当时杜布纳联合核子研究所中国组负责人张文裕（后任中国科学院高能物理研究所第一任所长）。在听取有关情况的汇报后，周恩来当即表示，必须在我国发展高能物理这门科学。1965年6月，中国代表正式宣布退出杜布纳联合核子研究所。之后，在杜布纳联合核子研究所的中国工作人员全体回国。

参加杜布纳联合核子研究所的工作是我国粒子物理研究进入国际研究前沿的重要一步。9年时间，我国先后派出130多名科技工作者参与该所的工作，包括著名物理学家王淦昌、胡宁、张文裕、朱洪元、周光召、何祚庥、王乃彦、方守贤、吕敏和唐孝威等。王淦昌还于1958年至1960年担任该所第二任副所长。他们成为我国发展高能物理研究的"种子"，开创了我国高能物理实验研究的新天地，其中不少人还为我国发展"两弹一星"做出了重要贡献。

在杜布纳联合核子研究所，一批年轻的物理研究工作者初次接触了大型高能加速器，参与了高能物理理论与实验研究，在业务上得到很大的锻炼和提高，取得了一系列成果，其中以王淦昌领导的研究小组发现"反西格马负超子"的成果最为著名。1959年3月，王淦昌领导的研究小组在杜布纳联合核子研究所10GeV质子同步稳相加速器上，通过自行设计和研制的丙烷气泡室，经过数万次的实验观测，成功地从4万张照片中发现"反西格马负超子"事例的存在，为证实反粒子存在的普遍性提供了有力证据，论文于1960年3月发表在《中国物理》学报和苏联《实验和理论物理》杂志上，引起了巨大轰动。苏联《自然》杂志指出："实验上发现反西格马负超子是在微观世界的图像上消灭了一个空白点。"年轻的物理学家周光召的工作也受到国际同行的关注，他在散射理论中最先提出了螺旋度的协变描述。他提出的弱相互作用中的"部分膺矢流守恒律"，直接促进了流代数理论的建立。

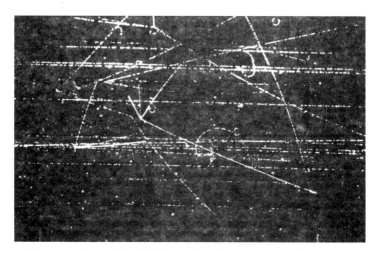

图3-4 王淦昌研究组发现"反西格马负超子"事例的气泡室照片

中国退出杜布纳联合核子研究所后，很快做出决定：由聂荣臻主持建设中国自己的高能物理实验基地，在国内筹建高能粒子加速器。建造中国高能粒子加速器的计划自此提上日程。

② "七下八上" 坎坷起步

20世纪50年代以来，粒子物理一直是物质结构研究的最前沿。世界各发达国家都斥巨资兴建高能加速器，开展粒子物理实验。中国物理学家也一直在为建设中国自己的高能加速器而努力。但是，建造方案却几度筹划，几度夭折，直到80年代中期北京正负电子对撞机工程上马建设。后来，人们把这个坎坷曲折的过程概括为"七下八上"。

20世纪50年代，北京中关村科学城在一片农田和荒野中拔地而起。在物理学家赵忠尧、谢家麟的主持下，在科学

图3-5　我国第一台质子静电加速器

城的第一座实验大楼中，相继诞生了我国最早的700keV和2.5MeV质子静电加速器和30MeV直线加速器，为我国核物理、加速器技术的研究打下了基础。

1957年，二机部在房山建立了原子能所二部，除了一批专家从事由苏联引进的回旋加速器的建造外，还有一支加速器理论队伍，主要从事高能加速器的方案设计。他们先后设计并提出了许

图3-6 我国第一台30MeV电子直线加速器的控制台

多加速器方案：1957年的2GeV电子同步加速器；1958年的12GeV
电子同步加速器；1959年的420MeV中能强流回旋加速器；1965
年的3.2GeV质子同步加速器的升级方案，1966年又将设计能量提
升到6GeV。1968年，二机部将原子能所二部的高能加速器队伍集
中到一部，成立"高能筹建处"。他们又提出了不少方案：1GeV
的强流质子超导直线加速器，烟圈加速器和分离轨道回旋加速
器，等等。方案数量之多，令人眼花缭乱，以至科学家们都自嘲
原子能所一部为"方案所"。然而，受"文化大革命"影响，基础
研究的处境十分艰难，这些方案最终都成为泡影。

与此同时，国际高能物理实验研究在20世纪60年代初开始探
索质子和中子的结构，发现质子和中子并非物质结构的终极粒
子，物质是由更深层次的粒子——夸克组成的。描述粒子分类和
性质的各种基本粒子模型应运而生，其中以盖尔曼和茨韦格提出
的"夸克模型"最为著名。1965年至1966年，朱洪元和胡宁领导
的团队提出了粒子物理的"层子模型"，产生了一定的国际影响。

📖 **知识链接**

• **强子结构的"夸克模型"与"层子模型"** 电子、质子、中子被发现后，人们起初认为它们是构成物质的终极单元，称之为"基本粒子"。后来，随着介子和超子在20世纪四五十年代陆续被发现，"基本粒子"的家族迅速扩大，这些粒子绝大部分是强作用粒子，简称强子。在60年代初，国际上提出了"夸克模型"和"坂田模型"，希望理解强子的内部结构。朱洪元、胡宁等中国学者在"坂田模型"的启发下提出了"层子模型"，其核心是使用内部波函数及其重叠积分来描述相对论强子的结构和转化过程，认为物质结构有无限的层次，在粒子层次上的组成部分是层子，但层子并不是物质最终的组成部分，可能包含更深层次的结构。

由于没有自己的实验装置，科学家们眼看中国高能物理研究的水平与欧美发达国家拉开了更大差距，心急如焚。1972年8月，张文裕、谢家麟、朱洪元等18位物理学家上书周恩来，提到"高能物理工作十几年以来五起五落，方针一直未定"的状况，指出发展高能物理研究不能仅依靠宇宙线实验，必须建造高能加速器，呼吁国家重视高能物理的发展，抓紧时间进行有关高能加速器的预先研究。同年9月，周恩来亲笔指示，指出这件事不能再延迟，高能物理研究及高能加速器的预制研究应该成为科学院要抓的主要项目之一。

1973年2月，中国科学院高能物理研究所成立，中国有了专门的粒子物理研究机构。这成为我国粒子物理发展中最重要的转折点，标志着建设我国高能物理实验基地的任务终于开始启动，高能加速器的建造方案此后逐步得到落实。

1975年初，中科院和国家计划委员会（简称国家计委）再次向国务院上报了关于高能加速器预制研究和建造的计划，提出在十年内经预制研究建造一台能量为40GeV的质子环形加速器，代号为"七五三工程"。但在"文化大革命"的影响下，"七五三工程"未能顺利实施。

1977年，邓小平对高能加速器的建设做了一系列重要指示。之后，国家科学技术委员会（简称国家科委）、国家计委联合向中央请示，要求加快建设中国的高能物理实验中心，第一阶段的目标为研制50GeV质子同步加速器，代号为"八七工程"。这个工程受到当时国内外科学界的关注。

1978年，对中国的粒子物理发展而言，无异于"春天"到来。在《1978—1985年全国科学技术发展规划纲要（草案）》中，高能物理被列为国家"八个影响全局的综合性科学技术领域、重大新兴技术领域和带头学科"之一。这一年，粒子物理学界的学术活动空前繁荣，全国性的学术会议就有规范场专题讨论会、中国物理学会年会、微观物理学思想史讨论会等。当年8月，朱洪元等五人还代表我国高能物理学界参加了在日本举行的第19届国际高能物理大会，并作了"关于中国高能物理初步规划"的报告。闭幕式上，美国费米实验室副主任高德瓦沙（E. L. Gold-wasser）在大会总结报告中专门提道："这次会议有两件事值得祝贺，第一件事是国际高能物理大会首次在亚洲地区召开，第二件事是北京来的同行们参加了这次会议。"

然而，由于当时中国面临的建设任务十分繁重，经济压力很大。1980年国民经济调整，紧缩基建项目，"八七工程"下马。

这项工程虽未能实施，但是一系列预研工作却在各方面为后

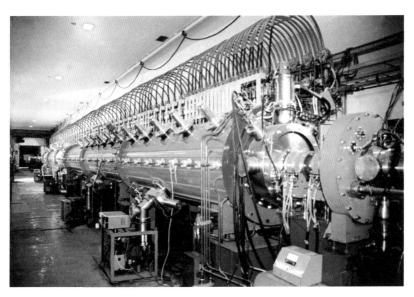

图3-7 北京35MeV质子直线加速器主体——加速腔

来的高能加速器建造打下了基础。工程中已经研制过半的10MeV
质子直线加速器仍继续建造，并于1983年完成，是我国第一台质
子直线加速器。之后，采用创新设计又扩建成35MeV质子直线加
速器。这台加速器在基础理论、实验研究和应用方面都获得显著
成效，特别在短寿命同位素制造与快中子治癌方面取得了显著的
社会效益，1991年获得国家科学技术进步奖一等奖。

"八七工程"下马后，中国的高能加速器建设走到了一个关键
的十字路口。预制研究经费中余下的部分得以保留，成为下一个
高能加速器建设方案选择的基础和经费额度。科学家们又开始探
寻新的方案。此时，正负电子对撞机已成为国际高能物理学界加
速器建设的主流。是先建一台技术上"十拿九稳"的质子加速
器，还是将目光直接瞄准此时国际上出现不久、但国内基础一片
空白的正负电子对撞机？各方意见莫衷一是。但是，20多年来高
能加速器建造方案的"七上七下"锤炼了人才，积累了技术，决
定性的方案已呼之欲出，蓄势待发。

③ 建设τ–粲正负电子对撞机

高能加速器的建设方案在经历了"七上七下"之后，北京正负电子对撞机的方案是怎样被提出来，又是怎样被确定为我国高能物理发展方案的呢？

1981年3月，在诺贝尔物理学奖获得者李政道的协调下，中国科学院高能物理研究所专家赴美征求对中国高能加速器调整方案的意见。美国斯坦福直线加速器中心主任潘诺夫斯基（W. Panofsky）建议，中国可以建造一台束流能量为2.2GeV正负电子对撞机。此后，高能物理研究所一些学者也提出建造一台质心能量为3—5GeV正负电子对撞机的建议，诺贝尔物理学奖获得者里克特也提出建造一台在5GeV能量附近的对撞机的方案。这些建议为中国选择建造高能加速器的方案打开了新思路。

对于建造正负电子对撞机来说，能区的选择至为关键。因为，对撞机只能工作在有限的设计能区，离开这个能区，对撞亮度就会以能量的大约四次方下降。国际上由于能区选择失当，建成后未取得预期成果的对撞机已有先例。如果中国选择建造对撞机，最佳的能区到底又应该在哪里呢？

📖 知识链接

• **对撞亮度**　对撞亮度是衡量对撞机性能、效率的关键指标。参与对撞的正负电子束流中的粒子数越多，对撞频率越高或者对撞束团截面越小，发生对撞的概率就越高，对撞亮度就越高，单位时间内获取的物理事例就越多。

1974年J/ψ粒子的发现，揭示了粲夸克的存在；1975年在同一能区又发现了第三代轻子——τ轻子。这些重大发现都是在质心能量为2—5GeV正负电子对撞机上产生的。80年代初，国际高能物理的热点已经转向Z^0能量在90GeV左右更高能区的物理。这就给我国高能物理学家留下了机会：2—5GeV的τ–粲物理能区，还有许多重要的、丰富的"物理宝藏"等待挖掘，如轻强子谱研究、胶子球和夸克胶子混杂态的寻找、粲介子和粲重子研究、J/ψ稀有衰变的寻找等。美国斯坦福直线加速器中心的3—5GeV正负电子对撞机SPEAR等机器在τ–粲物理能区虽然已经积累了大量的实验数据，但对撞机的亮度仍不够高，事例的统计性不够，许多定量的研究还无法进行。如果中国在这个能区建造一台高亮度正负电子对撞机，正好可以填补这个缺失，在τ–粲物理研究领域一举占据国际领先地位。

然而，与机遇相伴而来的从来都是挑战。从各国加速器发展过程来看，通常是先研制打静止靶加速器，在积累经验的基础上再建造对撞机。与打静止靶加速器相比，对撞机对于各部件的要求更高，如电磁铁及其电源的精度、真空度以及设备稳定性和可靠性等。如果我国选择建造对撞机，就意味着必须跳过建造打静止靶加速器的技术积累阶段。当时，国际上有些加速器专家对我国选择正负电子对撞机方案表示担忧，甚至有人评论说："你们好比站在月台上，想跳上一列飞驰而来的特快列车。如果跳上了，从此走上世界前列，否则就将粉身碎骨。"

专家们为此进行了反复论证。在论证中，多数人逐渐形成共识，认为建造一台2.2GeV的正负电子对撞机，不仅能在较低能区所保留的"物理窗口"上做出有意义的高能物理研究工作，进入国际高能物理前沿，而且可以利用高速运动的电子在轨道弯曲处产生的同步辐射光做实验，开展多学科研究工作，实现"一机两用"。

这个方案最终得到了邓小平的批示。他认为该方案比较切实可行，赞成加以批准。1983年12月，北京正负电子对撞机工程获得国务院批准，被列为国家重点工程项目，要求在五年内建成。从此，中国高能物理实验装置的建设步入正式实施的阶段。

20世纪80年代初，我国的高能物理学家决定建设位于τ-粲能区的正负电子对撞机，已被证明是一个非常正确的选择。这个决策使中国从零起步，打开了引进国际前沿技术的窗口，实现了加速器、探测器技术以及粒子物理研究的大幅度跨越，中国科学家从此拥有了自己的高能物理研究基地，在科学研究方面取得了一系列具有重大国际影响的成果，以至今天中国能在国际粒子物理界占有重要的一席之地。

④ 看高一点，看远一点

邓小平是我国的高能物理研究和高能加速器研制工作坚定的推动者。他多次强调，虽然建造高能加速器耗资巨大，但从长远看很有意义，非搞不行。他亲自推动了我国高能物理研究领域人才的培养，多次在会见外国科学家时提出希望派人去工作和学习。

1977年9月，邓小平会见诺贝尔物理学奖获得者丁肇中教授，亲自商定派人到丁肇中领导的实验组进修学习。1978年1月，首批高能物理访问学者唐孝威等十人赴德国汉堡电子同步加速器中心丁肇中领导的Mark-J实验组工作。那里有当时世界上最大的正负电子对撞机PETRA。这是中华人民共和国成立以来，我国科学家首次参加西方国家大规模国际合作实验研究。在PETRA对撞机运行后，投入实验的Mark-J探测器很快获得了一批重要的实验数据。1979年初，唐孝威代表Mark-J实验组参加了美国物理学会的年会，并在大会上作了研究成果报告。主持会议的物理学家琼斯（L. Jones）介绍说："这是来自中华人民共和国的物理学家第一次在这里向大会作学术报告。"1979年8月，Mark-J实验组发现了强子三喷注现象，找到了"胶子"存在的证据。《纽约时报》发表评论说："这是一次关于核粒子方面的国际集体研究工作。重要的贡献来自中国。有27名中国科学家参加了具有关键性的实验。"此后，先后有100多名中国物理学家和研究生到丁肇中领导的实验组工作学习。他们回国后，为中国建造大型高能实验设备、发展高能物理研究做出了贡献。

📖 知识链接

喷注 喷注指高能粒子反应中末态强子的一种特殊空间分布状态。在高能正负电子对撞时，它的末态可能产生多个强子。随着正负电子能量不断升高，产生的强子数目会越来越多。这些末态强子飞行的方向集中在某几个小的区域内，从对撞点喷射出去形成几束粒子注，因此称为喷注。

1979年初，中美两国签署了《中美科技合作协定》，打开了中美科技合作的大门。"在高能物理领域进行合作的执行协议"签署，并成立了中美高能物理合作委员会。此后，双方合作会谈每年在两国轮流举办，从未间断。这个合作框架在李政道教授的推动下，对我国高能物理的研究发展和人才培养发挥了十分重要的作用。高能物理研究所先后选派几十人到美国攻读物理专业研究生或做访问学者，他们大多参加了最前沿的高能物理实验，例如当时美国刚建成的PEP（Positron Electron Project）实验、固定靶上的粲粒子实验、中微子实验等，高水平的工作环境使这些年轻的科学工作者有了较好的提高机会。

对于高能加速器的建造方案，邓小平多次做出批示。1984年

10月7日，总投资2.4亿元的北京正负电子对撞机工程在北京西郊玉泉路的中科院高能物理研究所破土动工。邓小平亲自题写奠基石："中国科学院高能物理研究所北京正负电子对撞机国家实验室奠基"，并与其他党和国家领导人来到高能所参加奠基典礼。经过几十年的实践证明，建造对撞机对我国科技发展起着极其重要的作用，大大提升了国家的科技实力。

⑤ 中国高能物理新时代到来

图3-8 建设中的对撞机储存环隧道

北京正负电子对撞机是当时我国规模最大、复杂程度最高的科学装置，涉及高功率微波、高性能磁铁、高稳定电源、高精密机械、超高真空、束流测量、自动控制、粒子探测、快电子学、数据在线获取和离线处理等高技术，其设计指标几乎都是当时技术的极限。我国当时虽然已具备相当的科技和工业实力，但对撞机上那些技术复杂、加工精度极高的专用设备还从未研制过，建造对撞机的难度不亚于当年研制"两弹一星"。中国高能物理、高能加速器界和工业界勇敢地接受了这个挑战。经过多年徘徊和等待，积累的力量一朝迸发，全国数百家研究所、高校、工厂，数以万计的科研技术人员、工程人员承担了对撞机成千上万个部件的研制任务。高能所通过中美高能物理合作的框架，建立了与美国五大国家实验室的密切合作关系，引进了大批相关的高技术。许多美国科学家来高能所指导工程设计，帮助解决各种技术困难。

图 3-9　时任工程经理谢家麟为高能所研制的对撞机第一块聚焦磁铁钉上标牌（右边站立者是时任高能所所长叶铭汉）

1982 年，我国科学家和工程人员完成了包括注入器、储存环、输运线和谱仪的初步设计，提出了基建要求和造价预算，并开展了预制研究。1983 年 12 月，中央决定将对撞机工程列入国家重点建设项目，并成立了对撞机工程领导小组。1984 年 10 月，对撞机工程破土动工。

在吸收国际经验、自主设计研制为主的原则下，工程的建设者精心设计、精心组织、精心研制、精心安装调试数千台设备，在充分吸收、消化国外先进技术的同时，主要依靠我国自己的力

图3-10　大型粒子探测器——北京谱仪

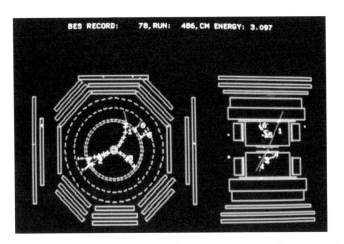

图3-11　北京谱仪早期实验记录的正负电子对撞后产生的J/ψ事例

量，克服重重困难，取得了一个又一个进展。1984年底，90MeV电子直线加速器出束。1986年进行设备安装。1987年开始总体调试，正电子注入储存环。1988年7月，储存环同时储存了正负电子束，之后开始与大型粒子探测器——北京谱仪的联调。北京正负电子对撞机的建造工程以令人难以想象的速度推进。

1988年10月16日，对我国高能物理学家来说是一个值得铭记的日子。这天凌晨，北京正负电子对撞机实现了首次正负电子对撞，北京谱仪首次捕捉到了正负电子对撞信号，亮度达到$8 \times 10^{27} cm^{-2}s^{-1}$！北京正负电子对撞机中央控制室里一片欢腾。在数以百计的物理学家和工程师们的欢呼中，我国第一台正负电子对撞机宣告建成，中国高能加速器技术一步跨越，迈进国际先进水平，中国高能物理的一个新时代终于到来！

知识链接

　　1988年10月20日《人民日报》在报道这一成就时称："这是我国继原子弹、氢弹爆炸成功以及人造卫星上天之后，在高科技领域又一重大突破性成就。""它的建成和对撞成功，为我国粒子物理和同步辐射应用开辟了广阔的前景，揭开了我国高能物理研究的新篇章。"10月24日，邓小平等党和国家领导人再次视察北京正负电子对撞机，对工程竣工表示祝贺。邓小平发表了重要讲话。

　　中国高能加速器的建造从零起步，虽然历经曲折，但终于走上国际舞台。北京正负电子对撞机的亮度迅速达到设计指标，且为美国斯坦福直线加速器中心同能区加速器SPEAR的4倍。为此，美国斯坦福直线加速器中心决定停止SPEAR的运行，北京正负电子对撞机成为国际上粲能区亮度最高的对撞机。

　　这台对撞机的能量为2.2GeV，周长240米，投资只有2.4亿元，与当时欧洲正在建造的能量为90GeV、周长为27千米、投资为10亿美元的对撞机相比，不论从规模还是从投资上看，均可谓是小巫见大巫，但是它所选的能区，恰恰是一个物理"富矿区"，能够收获很重要的实验成果，这为我国的高能物理研究追赶国际先进水平提供了机遇。另外，它可以"一机两用"，利用电子储存环产生的同步辐射光，开展生物、化学、医学、材料科学、固体物理等多学科的研究工作，直接为多学科交叉前沿研究提供先进平台。同时，建造这台加速器需要多种尖端科学技术，包括高频、高压、超高真空、微波及其功率源、大电流快脉冲磁铁和电源、毫微秒快电子学、自动控制、数据自动采集、精密磁铁制造与磁场测量、辐射剂量监测等，工程的建造带动了上述高技术的发展与应用，为国民经济的发展做出了巨大贡献。

⑥ 北京谱仪实验崭露头角

由于高能物理实验装置是典型的大科学装置，对资金、技术和人力的需求往往超过了一个国家的能力，并且在可以预见的将来还没有直接的经济应用前景，因此，国际合作是世界各国发展

图3-12 北京谱仪的主漂移室

粒子物理实验研究的基本方式。实验合作组由多国科学家参与，其负责人被称为"发言人"。实验的名称往往以实验装置的名字来命名。比如欧洲核子研究中心大型强子对撞机（LHC）上有两个简称为 ATLAS 和 CMS 的探测器，实验的名称就分别叫作"ATLAS 实验"和"CMS 实验"。北京正负电子对撞机上的大型探测器叫作北京谱仪，英文简称为 BES，实验的名称就叫作"BES 实验"。

北京正负电子对撞机建成前，我国科学家只能参与别的国家主导的高能物理实验。1988 年，北京正负电子对撞机和北京谱仪建成并投入运行，是粲物理能区最好的实验装置，吸引了各国科学家到此通过合作方式开展科学研究，我们终于有条件作为东道主组织多国科学家参与的、大规模的物理实验，进行以中方为主的国际合作。

1992 年，北京谱仪实验国际合作组成立，很快就发展为来自中国、美国、日本、俄罗斯、德国等 10 个国家和地区的 50 个研究机构约 300 名科学家参加的大型国际合作组。合作组成员在物理课题选取、运行计划安排、数据分析、文章评审、参与国际会议和未来发展等多方面通力合作，对北京谱仪多出高水平的物理成果起到了巨大的推动作用。

τ–粲物理实验研究的主要目标是在 2—5GeV 能区的精确测量。这是当时国际高能物理的高精度测量研究前沿和热点之一，对于精确检验粒子物理标准模型，发展量子色动力学，探索新的物理现象等有重大的科学意义。北京正负电子对撞机运行在 J/ψ 和 ψ(3686) 共振峰，具有阈值优势，能提供本底最小的高统计数据样本，是研究微扰和非微扰量子色动力学及其过渡区域的最佳平台，与国际上其他加速器上进行的粲物理实验研究相比，具有无法替代的独特优势。

北京正负电子对撞机运行以来"撞"出了一番新天地，科学家在北京谱仪上获得了多个重要的高能物理实验结果。其中，"τ轻子质量的精确测量"，纠正了过去其他实验约7.2MeV的偏离，精度提高了近10倍，排除了对轻子普适性的怀疑，被国际上评价为当年最重要的高能物理实验成果之一。"2—5GeV正负电子湮灭到强子反应截面（R值）的精确测量"结果，使2002年国际粒子数据手册将多年不变的R值做了更新，至今相关实验和物理分析仍然引用这一结果。发现X(1835)新粒子等研究成果在国际上产生了重大影响。这些成果奠定了我国在高能物理实验领域的重要地位，在τ-粲能区物理研究上成为佼佼者，中国科学院高能物理研究所成为国际主要的高能物理实验研究基地之一。

> ### 📖 知识链接
>
> **为什么使用MeV作为基本粒子质量的单位** 爱因斯坦质能方程$E=mc^2$揭示质量是能量的一种形式，质量和能量可实现互换。当物体处于静止状态时，其能量等于其质量乘以光速的平方。一个物体的质量是这个物体能够具有的最低能量状态。因此，粒子物理学家使用电子伏作为基本粒子的质量单位。一个电子伏就是电子在1伏特的电势下运动所获得的能量。但是，一个电子伏所能表示的质量太小了，所以通常使用 MeV 或 GeV 为单位。质子和中子的质量大约为1GeV，电子的质量为0.511MeV。

⑦ 探寻粲物理能区的"金矿"

国际上大型加速器完成了主要科学目标后，普遍的做法是根据高能物理研究的最新进展，以较小的投入，对加速器和探测器进行重大改造，保持其在科学上的竞争力，使其继续在研究的最前沿发挥重大作用。例如，美国斯坦福直线加速器中心、日本高能加速器研究机构（KEK）和意大利核物理研究所弗拉斯卡蒂国家实验室（INFN-LNF）先后将他们的正负电子对撞机改造成了双环正负电子对撞机，大幅度提高了性能，取得了许多重大成果。在对撞机建设和运行取得巨大成功的基础上，中国的高能物理研究应该如何继续发展？

高能物理实验研究包括基于加速器的物理实验和非基于加速器的物理实验。基于加速器物理实验研究的国际前沿有两大趋势：高能量研究前沿和高精度研究前沿。

与高能量研究前沿相比，高精度研究前沿需要建造能量较低但流强高的加速器（被称为大量产生某种粒子的"工厂"）和精密的探测器。这种设施的造价相对前者较低，但同样具有十分重要的科学意义，因此一直是国际粒子物理实验研究的热点之一。"工厂型"对撞机进行高精度测量前沿实验研究，要求两个关键设备：高性能的对撞机和高性能的探测器。

知识链接

粒子工厂　能够大量产生所研究粒子的高流强加速器，其性能与工作能量密切相关。目前，世界上的粒子工厂都采用正负电子对撞的方式进行"生产"。在三个有重要物理意义且适于建造粒子工厂的能区中，美国和日本分别建造了质心系能量约11GeV的B介子工厂，意大利建造了质心系能量为1GeV的φ介子工厂，我国建造的质心系能量为2—5GeV的北京正负电子对撞机是粲粒子工厂。

高统计的数据是粲物理的精确测量、寻找新粒子和稀有衰变事例、探索新物理现象等物理研究的关键。北京正负电子对撞机10余年的实验运行获取了大量数据，得到了重要的物理成果。为了继续在粲物理前沿取得具有世界水平的重大研究进展，需要获取的J/ψ和ψ(2S)事例要达到10^9的数量级。按照当时北京正负电子对撞机的运行亮度来推算，获取如此海量的物理事例需要100多年，这显然很不现实。这就要求对撞机必须进行重大改造，提高亮度的数量级，升级成为"粒子工厂"，同时要相应提高探测器的精度，与高亮度带来的低统计误差相匹配，全面提高对撞机的物理事例获取能力。

📖 **知识链接**

　　高能物理实验的统计性　高能物理实验通过严格的概率统计分析来准确表达结果。结果的准确程度用实验误差来描述。误差分为统计误差和系统误差。系统误差来自仪器本身的偏差和分析方法带来的偏差。统计误差来源于有限数据量的随机统计涨落，大致等于信号数的平方根。例如发现一个新粒子，共找到100个信号事例，其统计误差大约是10个事例，表示预期的真实信号个数有68%的可能性落在90到110个之间。相对于100个信号，其统计误差就是10%。如果得到的数据量增加100倍，观察到10000个这样的事例，统计误差是100个事例，相对于总信号个数就是1%。因此，我们要通过积累更多的数据来增加实验结果的可信度。对于对撞机来说，就要求成数量级地提高加速器的主要性能——对撞亮度，以获取更多的物理事例。

我国科学家从20世纪90年代起就开始考虑北京正负电子对撞机的未来发展。摆在面前的有两种选择：一是新建造一台亮度比北京正负电子对撞机高100倍以上的τ-粲工厂；二是对北京正负电子对撞机升级改造。中国科学院在征求多方意见后，否定了新建τ-粲工厂方案，1999年向国家上报了《关于我国高能物理和先进加速器发展目标的汇报》，提出了北京正负电子对撞机重大改造工程（BEPCⅡ）方案。最初的改造方案计划采用"单环麻花轨道"，实现多束团碰撞，亮度提高一个数量级左右。这个方案于2000年7月得到批准，投入约4亿元。

📑 **知识链接**

单环麻花轨道　在单环对撞机中，一般有几个对撞点，就只能各有几团电子和正电子去对撞。北京正负电子对撞机升级改造前，绝大部分时间都是一团正

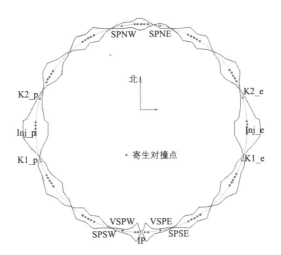

图3-13　单环麻花轨道设计方案中的正负电子轨道示意图（利用三组静电分离器，分别安放在南北对撞点附近，可以将正负电子束团在所有寄生对撞点处分开，而仅在南对撞点装有谱仪之处对撞）

电子和一团负电子对撞，性能受到极大局限。但是，如果能控制束流运动方向，使它们沿着"麻花形"的轨道运动，就可以放正负电子各4—6个束团到储存环中，通过调节束流，使它们在环中错开运动，只在预设的对撞点对撞。这样就能相应地提高对撞机的性能，以获取更多的物理事例。

⑧ 从"单环麻花轨道"到"双环轨道交叉对撞"

我国科学家挖掘粲物理能区丰富"矿藏"的计划，受到国际高能物理界的高度关注。就在2001年初，国际上粲物理能区高能加速器的布局悄然发生了新的激烈竞争。

2001年，美国康奈尔大学首先宣布，要对他们的正负电子对撞机CESR进行改造，将其质心能量从11GeV左右下调到3—5GeV，通过安装数十米的超导扭摆磁铁等办法，使设计指标亮度达到$(1.5—3) \times 10^{32} \mathrm{cm}^{-2} \mathrm{s}^{-1}$。他们把这一计划称作CESRc，采用"短平快"的改造方法，2003年底完成改造开始运行，并在两三年内达到设计目标。而负责这个项目的高能加速器专家蒂格纳（Tigner）曾是中国科学院聘请的北京正负电子对撞机实验室的高级顾问，在高能所工作过两年多，指导对撞机的运行和改造。

与此同时，俄罗斯新西伯利亚核物理研究所也计划将对撞机VEPP-4M的能量降到粲能区运行。

高能物理实验之间的竞争非常激烈，处于劣势的高能加速器往往只能被迫关闭运行。而当时的情势对我们诸多不利。康奈尔大学所提的设计指标，与我们采用"单环麻花轨道"改造对撞机所能达到的设计亮度$3\times10^{32}\mathrm{cm}^{-2}\mathrm{s}^{-1}$大体相当。如果继续按照单环方案改造对撞机，不仅无法确保在与美国康奈尔大学CESRc的竞争中取得优势，还很可能导致北京正负电子对撞机面临关闭运行的命运。但是，放弃改造计划，则我国必将失去在絫能区高能物理研究领域的一席之地。我国的高能物理研究需要迎难而上，另辟蹊径，寻找更具有竞争力的方案。

受当时日本B介子工厂大交叉角对撞成功的启示，我国高能加速器专家经过仔细计算，发现对撞机储存环隧道虽然空间狭小，但还是有可能在其中新建一个储存环，同原有的储存环组成一台双环对撞机。在"双环"方案中，正负电子束流在两个彼此独立的储存环中积累，在对撞点处相遇、对撞，因而每个环中束流的束团数目可以比较多，从而使亮度大幅度提高，为单环方案的三倍以上，理论设计值最高可达到$1\times10^{33}\mathrm{cm}^{-2}\mathrm{s}^{-1}$。而且，"双环"方案能灵活地进行参量的调整和优化，不仅可以达到更高的亮度，

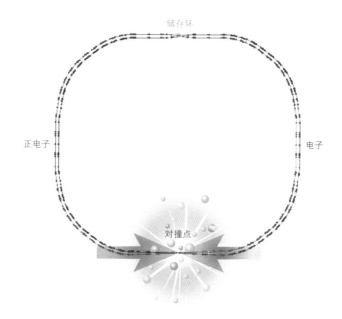

图3-14　双环方案的粒子束分流线路示意图

也避免了"单环麻花轨道"方案引起的一系列问题，有利于建成后在较短的时间内达到设计亮度，在竞争中取得领先。同时，该方案还能保持原有的同步辐射光束站的位置不变，不但节约了投资，而且加快了改造进度。

这是一个绝妙的方案。如果实施成功，中国将成为继美国、日本和瑞士之后，第四个在对撞机上使用双环技术的国家，北京正负电子对撞机也将在世界同类型装置中继续保持领先地位，成为国际上最先进的双环对撞机之一。

在详细分析和研究的基础上，为了保持我国在粲物理领域实验研究的国际领先地位，科学家们决定放手一搏，放弃"单环麻花轨道"方案，改为"双环交叉对撞"方案，大胆采用国际上最先进的对撞机技术改造北京正负电子对撞机，在能量1.89GeV下的设计对撞亮度为$1 \times 10^{33} \mathrm{cm}^{-2} \mathrm{s}^{-1}$，比原来提高100倍，为康奈尔大学对撞机CESRc设计亮度的3至7倍，具有明显的优势。

2003年12月，北京正负电子对撞机重大改造工程（BEPC Ⅱ）项目获批，建设工期五年，总投资为6.4亿元，主要对对撞机的电子直线加速器、储存环、探测器和公用设施四个部分进行改造。

⑨ 挑战对撞机建设的难度极限

北京正负电子对撞机升级换代是一项重大改造工程，采用多束团、大交叉角对撞等国际上最先进的双环对撞机技术，在对撞机原先的隧道内再建设一个储存环，新、老两个半环在南、北两个对撞区分别交叉，形成两个等同的储存环。这样，从改造前正负电子共用一条"光速跑道"，到改造后正负电子各占一条"跑道"，进行大角度水平对撞。设计方案中，每个环分别有93个束团，在南对撞区对撞。同时，BEPC Ⅱ还采用了最新的超导技术，以实现亮度提高100倍的目标。

与此同时，为适应 BEPC Ⅱ 高计数率运行的要求，位于南对撞区的北京谱仪也要进行全面改造，大幅提高探测器各部分测量粒子的能量、动量、位置和飞行时间的分辨率，以及识别粒子种类的效率，减小系统误差，与 BEPC Ⅱ 的高亮度提供的高统计精度相匹配，以满足在粲能区进行精确测量的要求。

为继续进行同步辐射实验，BEPC Ⅱ 还采用"内外桥"连接两个外半环形成同步辐射环（相当于第三个环），继续实现"一机两用"，并保持原有光束出口基本不变，最大限度地利用对撞机原有的设施。

图3-15 2004年5月拆除大型粒子探测器北京谱仪

这样的设计方案，将电子束的运动"跑道"一分为二，大大增加了加速器建设和调试的难度。

储存环的隧道原来是为单环设计的，空间狭小，现在要在隧道内给正负电子束流各安装一个储存环，设备拥挤到了极点，留下来的空间甚至不够运输一台磁铁。这意味着在双环设备的安装过程中，不容许有任何差错。否则要拆掉许多磁铁才能把故障设备运出来修理。国际上成功的双环对撞机的周长一般在2000米以上，对撞区长达80米；而北京正负电子对撞机储存环的周长只有

240米，对撞区非常短，必须在28米内将在两个环里以光速运动的束流偏转到一起，实现对撞，再分离到两个环里，因此极具挑战。科学家采用了非常复杂又小巧的超导插入磁铁实现了这个目标。

另一个难点在于，BEPCⅡ各个系统都要达到非常高的控制精度。对撞机的每个储存环内近百个电子束团以接近光速的速度做"圆周运动"，对撞时要实现六维精确控制，其中横向位置误差小于头发丝的几十分之一，纵向时间控制则要精确到百亿分之一秒。

北京谱仪的改造也是极为复杂的系统工程，探测器的各项设计指标均达到国际先进水平。在工程安装上不但要避免各子探测器的相互干涉，还要做到数万条电缆线和水、气管线路的合理有序排布，保持结构高度紧凑。例如主体结构中的端部轭铁，在谱仪运行时，将受到超导磁铁施加的260吨电磁吸力，这个高5.44米、质量过百吨的部件，既要能像推拉门那样能够在特制的导轨上移动以方便开闭，也要保证和桶部轭铁之间的间隙不能超过1毫米。

为达到设计目标，工程大量采用国际顶尖技术，许多技术、设备均是国内首次应用，同时也开发了一些自己独有的技术和工艺，这些技术和工艺均达到国际领先水平。对撞机一些部件所要求的加工精度比航天、航空领域的要求还要高，达到当时技术的极限。

⑩ 建成世界先进的双环对撞机

2004年1月，北京正负电子对撞机重大改造工程启动。2008年7月，加速器与北京谱仪联合调试对撞成功，工程按计划、高质量地完成了各项建设任务。

当时考虑到上海光源尚未建成，为了保证国内同步辐射研究工作的需要，在工程建设的每个阶段之间都插入同步辐射运行，在世界上首创在大型加速器的建设过程中，边建设边提供同步辐射专用光服务。

电子直线加速器于2004年11月完成主体改造，2005年3月正电子调束成功。储存环从2005年7月开始改造，2006年11月所有主体设备安装完毕，11月18日，电子束流成功地在储存环中积累。这项极为艰巨的工作仅仅用了16个月，这个速度在世界加速器建造的历史上也是少见的。2007年3月，BEPC Ⅱ 成功实现正负电子对撞。2008年2月，BEPC Ⅱ 实现了530毫安×530毫安的多束团对撞，亮度超过$1×10^{32}\text{cm}^{-2}\text{s}^{-1}$，是改造前的10倍。

图3-16　北京正负电子对撞机一期工程总经理方守贤关闭对撞机一期运行开关

图3-17　BEPC Ⅱ 成功实现电子束在储存环中的积累，参研人员在中央控制室合影留念

使用超导磁体的大型粒子探测器北京谱仪Ⅲ（BES Ⅲ）于2007年5月整体安装就位。2008年1月成功获取宇宙线事例。

2008年7月19日，BEPC Ⅱ 与 BES Ⅲ 联合调试对撞成功，观察到了正负电子对撞事例，标志着 BEPC Ⅱ 高质量、按计划地圆满完成了建设任务。2009年5月13日凌晨，BEPC Ⅱ 在1.89GeV能量下的对撞亮度达到$3.01×10^{32}\text{cm}^{-2}\text{s}^{-1}$，成功达到验收指标。2009年7月17日，北京正负电子对撞机重大改造工程顺利通过国家验收，成为国内同类装置建设的一个范例。BEPC Ⅱ 自主研制的设备超过

85%，大部分达到了国际先进水平，部分达到了国际顶尖水平，一批工艺技术填补了国内空白，部分为国际首创，同时带动了国内相关工业的发展。

改造后，正负电子束团1秒钟可以相撞1亿多次。而在改造前，撞击的频率仅为每秒125万次。北京正负电子对撞机经历凤凰涅槃般的转变，成为国际上最先进的双环对撞机之一。相对于国际上正在运行的两个B介子工厂（美国的PEP-II和日本的KEK），

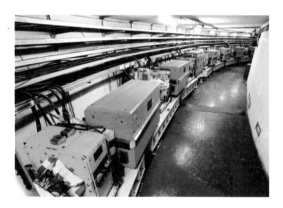

（a）改造前

（b）改造后

图3-18　升级改造后，北京正负电子对撞机的储存环由单环改为双环

图3-19 北京正负电子对撞机的对撞区和北京谱仪Ⅲ

BEPCⅡ在粲能区具有无法替代的独特优势。这次改造成功，使我国在世界同能区装置中继续保持领先地位，也使中国的加速器、探测器技术实现了又一次大幅度的跨越。

改造后的对撞机立即投入了运行，每天24小时开机运行，每年运行9个月以上，装置性能和运行效率不断提高。到2016年，对撞亮度已经达到改造前的100倍，即理论设计的峰值1×10^{33} cm^{-2}s^{-1}，一天获取的数据超过过去一年获取的数据。

而它的主要竞争对手美国康奈尔大学的对撞机CESRc试图用"短平快"的方式抢占先机，挖掘粲物理的"金矿"。但这种"短平快"方式的弱点很快就暴露无遗，装置建成后亮度只达到设计指标的1/5到1/8。BEPCⅡ的亮度比它高出了14倍。在BEPCⅡ投入运行后，CESRc停止了运行，许多在CESRc上进行研究的物理学家转到北京谱仪Ⅲ实验国际合作组工作。

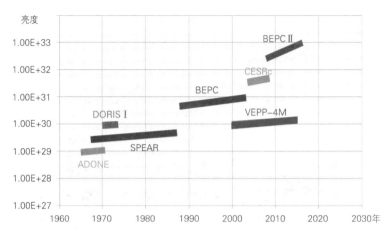

图3-20 τ–粲能区正负电子对撞机的亮度（cm^{-2}s^{-1}）发展历史

◇ ADONE（意大利，弗拉斯卡蒂国家实验室），DORIS Ⅰ（德国，德国电子同步加速器研究所），SPEAR（美国，斯坦福直线加速器中心），BEPC（中国，中国科学院高能物理研究所），VEPP-4M（俄罗斯，新西伯利亚核物理研究所），CESRc（美国，康奈尔大学），BEPC Ⅱ（中国，中国科学院高能物理研究所）。

对撞亮度是粒子物理实验获得成功的关键之一。粲能区是精确检验标准模型理论、寻找新粒子和新物理的重要场所，而BEPC Ⅱ是世界上在粲能区亮度最高的实验装置。依托这台性能优异的大科学装置，目前北京谱仪Ⅲ实验国际合作组已拥有世界最大的J/ψ、ψ′、ψ（3770）等数据样本，实验组的数百名物理学家勤奋地致力于物理分析工作，已发现或证实了一些新粒子和现象，比如发现Z$_c$（3900）四夸克态、粲偶素新的衰变模式等。北京谱仪Ⅲ实验正在进入物理研究的"丰收季"，我们期待北京谱仪Ⅲ未来取得更辉煌的成绩。

第四章

北京正负电子
对撞机结构
探秘

　　北京正负电子对撞机的加速器由注入器、输运线和储存环等大型部件组成。正负电子束流怎样产生？它们是如何被加速的？它们以怎样的姿态以接近光速的速度在储存环中旋转？它们又是如何对撞的？本章将揭秘加速器的复杂结构及有趣的工作过程。

扫码看视频

北京正负电子对撞机输运线。

①　巨大的"羽毛球拍"

从北京复兴路与玉泉路交叉路口向北200米，朝东的一面墙上镌刻着邓小平亲笔题写的"中国科学院高能物理研究所"和"北京正负电子对撞机国家实验室"两行金漆大字。这就是高能物理研究所的大门，进入大门看到的是林荫道以及绿树掩映中的办公楼、实验厅的一角。一切与普通的科研院所并无二致。然而在这里的地下隧道中却静卧着一座规模宏大的科学装置——北京正负电子对撞机。

图4-1　俯瞰北京正负电子对撞机（2009年摄）

如果从空中鸟瞰，北京正负电子对撞机所在地显示出一个类

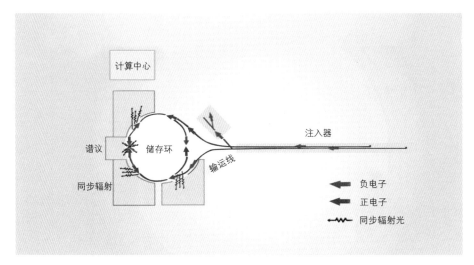

图4-2 北京正负电子对撞机示意图

似羽毛球拍的外形。这个"球拍"可不小,"球拍把"长约200米,"球拍框"的周长约240米。就是在这个巨大的"羽毛球拍"中,上千台设备在精确控制下有条不紊地工作着,正负电子束产生、积累、储存、加速,并最终实现对撞。对撞所产生的次级粒子信息,由大型粒子探测器北京谱仪收集,供科学家开展研究。

北京正负电子对撞机主要由注入器、输运线、储存环、北京谱仪等众多大型"部件"组成。

注入器是"羽毛球拍把",也是北京正负电子对撞机的开端。它是一台长202米的行波直线加速器,安装在地下约3米深的隧道里,负责提供能量足够高的正负电子束流。由注入器头部的强流电子枪发射出毫微秒脉冲电子束,经过聚焦进入加速管。经加速后电子束能量达到240MeV,轰击正电子靶产生正负电子对,正电子经收集后被送到下游的加速管,加速到所需要的高能量。在加速电子时,只需将正电子靶移出,适当调整电场的相位,就可将电子加速到与正电子相同的能量。北京正负电子对撞机的注入器最高可以把正负电子加速到2.3GeV,即和对撞所需的能量一样，这可大大提高对撞机的工作效率。注入器里还安装了许多设备为束流保驾护航。

已加速到高能量的正负电子束流被送到束流输运线。输运线是连接"羽毛球拍把"和"羽毛球拍框"的纽带，它由一段长约30米的公用输运段和东、西两翼各长90米的正负电子支线构成。输运线是正负电子束流的"搬运工"，只负责传输，不对束流进行加速。

储存环是"羽毛球拍框"，包括正、负电子两个环，周长各约240米。储存环的结构相对于南北中心轴线对称，在最南面的正负电子对撞区安放北京谱仪，而正负电子输运线就在西侧和东侧的直线段里与储存环交汇。来自输运线的正负电子束流经过一块偏转磁铁，再由一对冲击磁铁"踢"进储存环的真空盒，在真空盒里做圆周运动。在正负电子储存环上，各安装了一台超导高频腔，束流每经过一次就得到一次加速，以有效地补充由于同步辐射损失的能量。

当正负电子束流达到对撞所需要的能量和流强时，调整对撞点两侧的导向磁铁强度，就可以控制正负电子束流实现交叉对撞。这样的对撞每秒钟大约有一亿次，而北京谱仪会不停地工作，获取并记录正负电子对撞后产生的海量重要信息。储存环每隔2—3小时需要注入正负电子束流，昼夜不息。

下面，我们一起来看看这些设备是怎么工作的。

② 发射电子的"枪"

注入器的源头是一把会发射电子的"枪"，既然称之为枪，就表明它具有像枪一样射出子弹的本领。注入器的电子枪要求产生的电子束能量高，而束斑尺寸以及束流的发射度要尽可能小。经过复杂的模拟计算及实验，综合优化设计参数后的纳秒强流电子枪性能优异，在20万伏的脉冲高电压的条件下，它可以发射出10安培的强脉冲电子束流，脉冲宽度1纳秒，每秒可发射50次。

图4-3　注入器的纳秒强流电子枪

📄 知识链接

电子枪的日常应用　电子枪并不是科幻大片中的炫酷武器，它是一种日常生活中常见的多用途电子部件。生活中的阴极射线管（CRT）电视、显示器等所用的显像管就要使用到电子枪，显像管有玻璃密封外壳，内部抽成真空。由一端的电子枪产生的电子束（强度受影像讯号控制）经过聚焦线圈聚焦后，在高压电极的作用下加速向前运动。与此同时，电子束在偏转电极的作用下，自上而下做水平方向的扫描。这样，在显像管另一端的荧光屏上就形成了明暗程度不同的亮点。

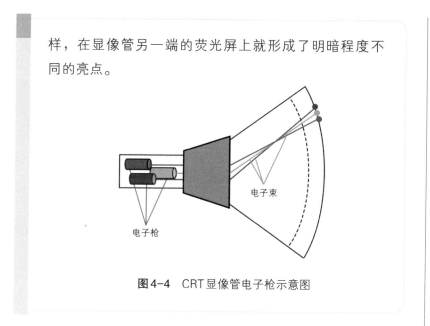

电子束

电子枪

图4-4　CRT显像管电子枪示意图

③ 电子"变脸"成正电子

正负电子对撞机工作时，不仅需要带负电的电子束流，还需要带正电的正电子束流。电子束流可以由电子枪直接产生，可自然界中并没有天然的正电子。那正电子束流从哪儿来呢？科学家们用同一套装置得到与电子质量相同、电荷相反的正电子束，这就是"正电子源"。

正电子源中最关键的部件是钨转换靶，它位于注入器的第八节加速管之后。需要正电子束时，通过控制系统发出指令，将正电子源中的钨靶插入束流管道，能量为240MeV的高能电子束轰击钨靶，此时因电磁级联簇射效应会产生位置和角度很发散的次级正负电子对。为了不让宝贵的正电子损失掉，在靶后面安装了磁场很强的螺线管磁场，通过这个系统收集、聚焦正电子，同时扔掉负电子，再通过加速管把正电子束团压缩并迅速提高能量，即可得到高能量的正电子束（最高可达2.3GeV）。在需要负电子束时，只要将钨靶移出束流轴线，负电子束就可以直接进入后面的加速管。

📖 **知识链接**

电磁级联簇射　高能电子（或正电子）在物质原子核的电磁场中，通过韧致辐射放出一个光子而损失部分能量，高能光子在核的电磁场转化为能量较低的正负电子对。这些电子、正电子及光子，会继续上述过程，直到放出的电子、正电子及光子能量低到被物质完全吸收为止。这种高能电子、正电子或光子在物质中连续地，即级联地经过多次电磁作用产生大量电子、正电子及光子的现象，就叫作电磁级联簇射。

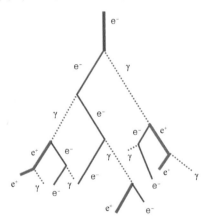

图4-5　电磁级联簇射示意图
（标为红色的e⁺即为正电子）

这里需要特别说明的是，电子束流轰击钨靶产生的正电子其实是非常少的，效率仅为13/1000，即1000个电子打钨靶仅能产生13个正电子。因此，正电子束流相对较弱，注入储存环的时间要远远长于电子束流的注入。

图4-6　注入器的正电子源（正电子靶在照片右侧的真空室内）

④ 骑在波峰上加速

　　电子束究竟是怎样被加速的呢？维德罗意加速器是在圆筒形的电极上加交变的高频电场，电子每次在恰当的时刻到达电极的间隙而得以加速。这是一种驻波加速器。而北京正负电子对撞机的注入器是一台"行波"直线加速器。在这种加速器里，微波功率通过波导管馈送到加速管中，电磁场和粒子束一起向前运动，使带电粒子处于交变电场（即电场强度不断随时间改变的电场）的波峰上不断地同步加速，就像冲浪运动员的滑板一直骑在波峰上前行。在理论上，这种加速器并没有能量的上限，只要加速器做得足够长，就可以把电子加速到所需要的能量。

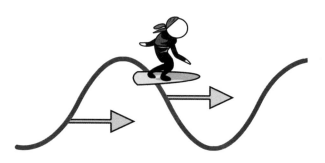

图4-7 行波加速就像冲浪运动员的滑板骑在波峰上不断加速前行

📖 **知识链接**

● **行波与驻波** 简要地说，行波与驻波是正弦波运动的两种形式。行波是正弦波朝一个方向推移，而驻波相当于正弦波在原地上下振动。

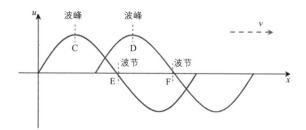

图4-8 行波示意图

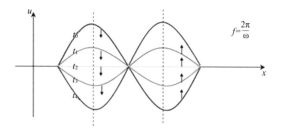

图4-9 驻波示意图

令人伤脑筋的是，根据相对论原理，电子的速度不可能超过光速，但电磁波在普通波导（即金属管道）中的相传播速度（即电磁波形状向前变化的速度）却大于光速，这样就无法做到让电子和电场"同步"运行，也就不能获得有效的加速。怎样才能让电子一直保持在行波电场的波峰上呢？科学家想出的办法还真让人"脑洞大开"：既然电子的速度不可能再快了，那就让电磁波慢下来。科学家在加速管中周期性地加上一些中间带圆孔的金属盘片，利用这些金属盘片的反射作用减慢电磁场传播的相速度，从而实现与电子的同步。金属盘片相当于在圆形波导上加了负载荷，称为盘荷波导。

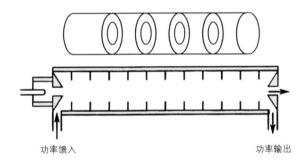

功率馈入　　　　　　　　　　　　功率输出

图4-10　盘荷波导示意图

金属盘片中央的圆孔既供电磁波通过，也供电子束通过，孔的轴线上具有强度很高的加速电场。这个原理不算太复杂，但实际上为保证电子在通过加速管能获得有效的加速，要求盘荷波导有非常高的加工精度（±5微米）和良好的光洁度。

对撞机的注入器共有56根盘荷波导加速管，每根加速管长约3米，包含84个单元，相邻单元之间都有带圆孔的金属盘片。可以想象一下，用无氧铜材料制作精度要求如此高的加速管，每一个单元都要在数控机床上精密加工出来，然后在氢炉的高温下进行整体焊接。通过引进美国斯坦福直线加速器中心的相关技术，高能所实验工厂可以自行加工制造性能优异的加速管，不仅满足了北京正负电

图4-11 注入器的第一节加速管，周围套着聚焦螺线管

子对撞机的需求，还出口到美国、法国、意大利、韩国、日本和巴西等国。

⑤ 能量从何而来

加速管要将正负电子束加速到接近光速，这么高的能量从哪里来呢？这里采取的技术是用微波功率来激励加速管，而如此强大的微波功率则来源于由大功率速调管和高压脉冲调制器等组成的微波功率源系统。

注入器中共有16套微波功率源，每一台功率源最多可以激励4根加速管，共有56根加速管。之所以要准备16套微波功率源，是因为第一套功率源要驱动预注入器（包括预聚束器、聚束器和第一根加速管），还要通过主同轴馈线去激励其余15支速调管，同时使可用能量有些富余量，个别微波功率源发生故障时不会影响整个对撞机的运行。由16支速调管组成的速调管长廊位于注入器的上层。

速调管长廊中的机柜里安装着调制器，它能产生高达110兆瓦的脉冲功率给速调管，在速调管中产生360安培的电子束以将能量传递给管中的谐振腔，电子束在谐振腔里由于群聚效应形成束团，电子束的能量在谐振腔的输出缝隙处被转换成微波场，产生数十兆瓦的脉冲微波功率，然后再通过波导管将微波功率传输到下层隧道中的加速管上，从而建立起一个与电子速度"同步"的行波。这个行波可以让电子或正电子束团"骑"在上面持续加速。以上过程实际上就是速调管中电子束的能量转移给微波而起到了功率放大的作用，速调管也可以说是一种微波功率放大器。

图4-12 对撞机注入器的速调管长廊

图4-13 微波功率通过波导管传输到加速管

在实际的加速器中，设备更加复杂，加速管之间还需聚焦磁铁对电子束流聚焦，还有一系列的真空泵、真空计和各种束流测量探头等辅助设备。通过注入器的控制系统对注入器所有设备进行监测、控制。而这一切都在瞬间完成，电子从电子枪出发到注入器的尾端，只需要67微秒，人们的眼睛都来不及眨一下，电子或正电子就完成了在注入器中的旅程，进入了束流输运线。

📖 **知识链接**

速调管的广泛应用　虽然速调管在加速器领域只是重要部件之一，但在微波通信行业却占据着重要的地位，在广播、电视、能源和国防等领域，例如核聚变研究试验、医用加速器、广播电视发射、工业用微波加热等设备上有着重要的应用，属于战略高科技产品。在北京正负电子对撞机建设过程中，工程人员克服了多种困难，终于研制成功注入器所需的34兆瓦大功率速调管。

成功的得来并不是一帆风顺的，第一支速调管仅用了不到1000小时就损坏了，参加中美高能物理合作委员会会议的美方代表还曾调侃：你们速调管的寿命还没有北京填鸭的寿命长呢！但经过几年的不懈努力，不仅34兆瓦速调管满足了对撞机运行的需要，功率更大的65兆瓦速调管也成功地用于对撞机重大改造后的注入器，使用时间已超过了3万小时。

北京正负电子对撞机速调管的技术突破，对我国广播电视发射系统的升级换代起过重要作用。

⑥ 正负电子分道扬镳

注入器产生的高能量正负电子束流通过输运线传送到储存环，正负电子在这里分道扬镳。束流输运线呈Y字形结构，包括一条30米长的公用段和各90米长的东、西支线。输运线中只有磁铁，只起到传输粒子的作用，不对束流进行加速。

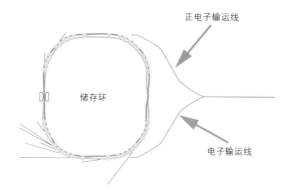

图4-14 输运线分叉示意图

图4-15 输运线的正负电子分岔口

正负电子束流首先进入的是公用输运段。公用段安装了8块四极磁铁对正负电子进行聚焦和性能匹配。公用段末端安装了一块偏转磁铁，这可是一个关键的部件，电子和正电子犹如孪生兄弟，它们来的方向相同，只是所带的电荷相反。这块磁铁就像个忠于职守的交通警察，束流经过时这个"警察"利用带电粒子垂直进入匀强磁场会偏转运动方向的特性，指挥电子走东输运线、正电子走西输运线。

　　从整体结构看，东侧和西侧的束流输运支线是对称的，各长90米，每一条支线有15块水平方向的偏转磁铁和17块四极磁铁，作用是对束流进行偏转和聚焦，使束流的各种参量与储存环所需的相匹配。输运线接近末尾处安排了长22.8米的垂直方向偏转段，将束流偏转、传输到比注入器高约3米的储存环中。

　　束流已快到"球拍框"——储存环的入口了，能松一口气了吗？还没那么简单，束流最后离开输运线时还要被"踢"上一脚，但这可不是踢足球，而是极为复杂的高技术。因为输运线中的束流注入储存环时不能对环中已积累的束流产生扰动，负责"踢"束的系统要看准机会在几百纳秒的极短时间里将束流"踢"进储存环，然后迅速恢复到准备状态，准备好下一次的"临门一脚"。这个系统靠的是两块冲击磁铁和一块切割磁铁，切割磁铁负责将束流从水平方向朝储存环里偏转，切割磁铁两端的冲击磁铁负责将束流"踢"进储存环的真空盒。为了不影响已经在环里储存的束流，冲击磁铁"踢"束的速度要足够大，磁场上升（"踢"脚）和下降（"收"脚）的时间都只有0.3微秒。当然，正电子束流与电子束流被"踢"进不同的真空盒，因为北京正负电子对撞机采用的是双储存环，正负电子束流分别在各自的真空盒中回旋、积累，这两个环彼此紧贴，只在对撞点有交叉。

⑦ 光速粒子的跑道

储存环是对撞机的主体，正负电子束要在这里积累、储存、加速，并进行对撞。储存环由负电子环与正电子环组成，实际上还有一个附加环——同步辐射环。

储存环周长约240米，相对于长度只有几厘米的正负电子束团来说，这个环形轨道已经足够巨大。正负电子束流被分别"踢"进各自储存环的真空盒之后，以接近光速的运动速度回旋着，1秒钟它们就已经在储存环内飞转了100多万圈，储存环可真称得上是"光速粒子跑道"。

在这个"跑道"上，每个环中有约100个束团，每个束团里大约有500亿个粒子。这么多粒子在"跑道"里每小时能跑10.8亿千米，相当于绕地球赤道跑27000圈。一般情况下，它们会不知疲倦地连续跑上几个小时甚至几十个小时。

📖 知识链接

光速　光速是指光波或电磁波在真空或介质中的传播速度，在物理学中是一个重要的常量。光速是目前所发现的自然界物体运动的最高速度。静止物体的全部能量都包含在静止的质量中。物体一旦运动就产生动能。运动中物体的动能应加到质量上，即运动物体的总质量会增加。当物体运动速度远低于光速时，增加的质量微乎其微。例如，速度为10%光速时，质量只增加0.5%。但随着速度接近光速，其增加的质量就显著了。如速度达到光速的86.6%时，其质量就增加了一倍。这时，物体如果要继续加速就需要更多的能量。当物体速度趋近光速时，其质量趋向于无限大，需要无限多的能量。因此可以推论，质量不为零的物体要达到光速是不可能的，只有静质量为零的光子才始终以光速运动着。

1676年，丹麦天文学家罗默（O. Romer）巧妙地利用天文知识首次定量地估计出光速。此后，随着科技的发展，光速渐渐被测得更为精确。在1983年的第十七届国际计量大会上，真空中的光速被精确地定为每秒299792458米。对一般人来说无须记住这么精确的数字，只要了解光速近似为每秒30万千米就可以了。

⑧ 分工明确的磁铁"兄弟"

正负电子束进入各自的储存环真空盒后，如果不受约束，飞速旋转的束团就会越来越发散，最终就全跑飞了。各种不同类型的高精度电磁铁沿储存环真空盒有规律地排列着，它们的任务就是让电子束有条不紊地在真空盒中"奔跑"。储存环上共有387块磁铁（包括对撞区的28块磁铁），其中有二极磁铁、四极磁铁、六极磁铁、校正磁铁和特殊磁铁，它们虽然都是磁铁，就像亲兄弟

图4-16 二极磁铁（左）、四极磁铁（中）与六极磁铁（右）

📖 知识链接

电磁铁及其类型 在铁芯的外部缠绕着与其功率相匹配的导电绕组，给线圈通电流后铁芯就具有磁性，因此，称为电磁铁。为使铁芯更加容易磁化，通常把它制成条形或蹄形状。为了使电磁铁断电后铁芯能立即消磁，往往采用消磁较快的软铁或硅钢材料来制作铁芯。电磁铁所产生的磁场与电流大小、线圈圈数及铁芯的形状和材料有关。在对撞机储存环中，电磁铁的主要作用就是对束流进行偏转、聚焦、校正和优化。二极磁铁（也称偏转磁铁）是让正负电子束转弯，在环形真空盒中保持圆周运动；四极磁铁（也称聚焦磁铁）是使偏离中心的粒子向"光速粒子跑道"的中心汇聚，将束流横截面聚得很小；六极磁铁可以使不同能量的粒子受到大致相同的聚焦力；而二极校正磁铁则可以将束流的轨道调整到真空盒中心线附近。

一样，但形状、性能不同。它们分工明确、各司其职，各自产生不同类型的磁场，用于控制粒子的运动轨道。

正负电子束流在这些设备的控制之下，不断地偏转、聚焦、调整，在真空盒中回旋着。要特别说明的是：这些磁铁都是电磁铁，均由高精度的稳流电源来励磁，精度和稳定度都必须优于万分之一，以保证正负电子束流在长时间储存和对撞时的稳定性。

还有一些特殊的磁铁"兄弟"很令人骄傲。例如：对撞区的正负电子束流要在很短的距离内从两个环交叉到一起，在对撞点聚焦到微米量级的横截面，对撞后又要在极短的时间内分开。因为对撞区是加速器与探测器交汇的地方，聚焦磁铁、偏转磁铁、

图 4-17　储存环上的一个支架上的磁铁组

对撞区超导磁铁、各种形状特异的真空盒以及各种束流测量探头等设备都在此安装，空间非常拥挤。在储存环设计时，人们发现离对撞点最近之处的两条束线的四极聚焦磁铁无论如何也没有足够的安置空间了。这个极具挑战性的特殊难题经过多次探讨及实验研究，被科学家巧妙地攻克了。使用中国独创技术研制成功的

图 4-18　双孔径四极磁铁

双孔径四极磁铁，电流密度极高、线圈导体位置精度高，很好地满足了需求。

📖 知识链接

磁铁技术的应用 经过建造北京正负电子对撞机的历练，我国的电磁铁和配套的大功率高稳定度电源的制造技术有了跨越式发展，在较短时间内就达到了国际水平。高能所实验工厂、上海先锋电机厂、中科院等离子体物理研究所和上海应用物理研究所等单位都承担过对撞机多种类型电磁铁的试制和生产任务。通过组织攻关，解决了各个环节上的技术困难，圆满完成了批量生产任务。

图4-19 高能所为韩国浦项加速器实验室研制的四极磁铁

图4-20 高能所为美国斯坦福直线加速器中心研制的磁铁

相关技术还应用到了国内大型电机、高压电机的生产中，大大提高了国产大型电机的质量，而且开发了新产品。近年来，高能所还与美国、日本多个研究所合作，承担了国外多个加速器工程各种类型磁铁的研制和生产任务，以优异的性能获得了良好信誉。

⑨ 两个大型"加油站"

一般情况下，正负电子束离开注入器时已被加速到对撞实验所需要的能量了，这称为全能量注入。如果束流的注入能量还达不到对撞所要求的能量，可以将其进一步加速到所需能量，然后再进行对撞。另一方面，正负电子束在储存环中沿弧形轨道前进时，会沿切线方向射出同步辐射，即不断甩出光子，造成能量损失。关于同步辐射的知识见本书第七章。

储存环中束流的能量损失越来越多，怎么办呢？必须想办法补偿束流损失的能量。这里用到的重磅武器就是两套超导高频系统——我们所说的两个大型"加油站"。它们的职责是：不断地把微波功率传递给正负电子束流，补充由于同步辐射和其他原

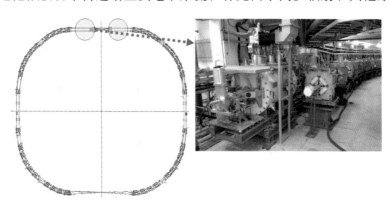

图4-21 安装在储存环中的超导高频系统

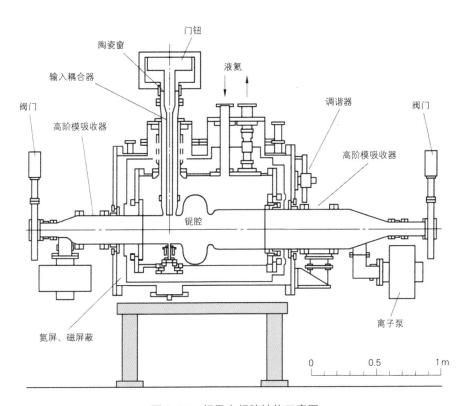

陶瓷窗
门钮
液氦
输入耦合器
调谐器
阀门
阀门
高阶模吸收器
高阶模吸收器
铌腔
离子泵
氮屏、磁屏蔽

0   0.5   1m

图4-22 超导高频腔结构示意图

因导致的束流能量损失，保证正负电子束流能量恒定并在轨道上稳定地储存，还要有效地压缩束流的束团长度。

超导高频系统包括超导腔、功率源、低电平控制等部分。与直线加速器的加速方法完全不同的是，正负电子束在储存环上的加速并不是"骑"在微波场"行波"的波峰上一直得到加速，而只在束流经过超导高频腔的"驻波"电场时才得到加速。让我们先看看超导高频腔的结构示意图。

高频腔的腔截面明显大于束流管道，高频电磁波馈入腔内便产生"驻波"电场——沿管道轴线方向快速变化的交变电场（即纵向的高频电场）。管道中有管壁断开形成的狭缝，当正负电子束流穿过狭缝时在电场的作用下获得能量，实现了加速。

超导高频腔的腔体材料是特殊的，整个腔使用具有优异超导特性的纯铌材料制成，腔体需要浸泡在装满液氦的低温恒温器中，在零下269摄氏度的低温下工作。在这样的低温下，腔体的电阻接近于零，高频功率在腔体里几乎没有损耗，可以把大部分高频能量传递给束流。每个超导腔可以产生1.5兆伏的加速电压，提供150千瓦以上的高频功率。

📖 知识链接

高次模吸收技术　超导高频腔工作时，除了正常工作需要的电磁波模式（基模）外，还存在频率更高的电磁波模式（高次模）。在对撞机运行中，随着流强的不断提高，束流在超导高频腔中激起的高次模场也将随之增高，若不加以充分吸收衰减，则会影响束流的稳定，甚至造成束流振荡丢失。高次模吸收技术就是保证对撞机获得高而稳定的束流流强的关键技术之一。北京正负电子对撞机升级改造工程中，最初使用的超导高频腔高次模吸收器是从日本三菱公司进口的。国际上此种类型的高次模吸收器技术完全由美国、日本的公司掌握，产品价格昂贵。为了掌握这项关键技术，高能所与中国有色金属研究总院联合攻关，经过反复实验研究和工艺摸索及高频特性测试，2009年终于研制成功具有国际前沿水平的样机，为替代同类进口设备奠定了重要基础。其工作原理是：在超导高频腔的大孔径束流管道上安装附着特殊铁氧体材料的宽带高频吸收装置，将从腔内耦合出的高次模功率几乎完全吸收，随即转换成热能，并通过铁氧体的冷却水系统将热量带走，从而达到吸收掉腔中高次模的目的。

⑩ 令人好奇的"真空"

从注入器到输运线、储存环，正负电子束流都被严严实实包裹在各种密闭的管道之中，为什么？答案是"真空的需要"。

这个"真空"很令人好奇。一般的解释是：真空是一个物理概念，指一种不存在任何物质的空间状态。简单地说，真空是针对大气而言的，人用肉眼看到的大气无色透明，但实际上大气是氧、氮、氩、氖、氦、氪、氙、二氧化碳和水蒸气等组成的混合物。当然，大气中还有各种污染或反应造成的颗粒及微小尘埃（近年来人们所关注的PM2.5就是直径不到人头发丝粗细1/20的细微颗粒物）。大气中的这些物质对加速器中的粒子束流来说可是致命杀手，以接近光速运动的带电粒子无论与气体分子或任何颗粒、尘埃碰撞都会损失能量并引起束流的不稳定乃至丢失，粒子束流只有在真空环境下运行才能保持足够的寿命，才能积累、加速，达到实验所需的能量和流强。正因如此，束流始终要保持在真空管道之中。

真空的程度如何来衡量呢？我们日常的生活环境大约为1个大气压（与所在地的海拔高度、气温等因素有关）。所谓真空或真空状态，就是用某些设备从特定空间往外抽气，使空间内的压力远小于1个标准大气压，术语称为"抽真空"。真空状态下特定空间内气体的稀薄程度通常用气体压力值来表示，该压力值越小则表示气体越稀薄。这个压力值可用真空计来测量，从真空计所读得的数值称为真空度，也就是空间内气体压力值。

📖 知识链接

真空度单位与真空区域划分 由于历史的原因，表示"真空度"的计量单位经历了多种变化，真空度的单位名称五花八门。

为消除多种单位并用的现象且满足科学技术发展的需要，国际计量大会于1971年决定，将压力、机械应力、声压、表面压力、真空度等量的国际单位以法国科学家帕斯卡（B. Pascal）的名字Pa命名。

1984年2月，我国规定了以国际单位制为基础的法定计量单位，其中关于压力、压强、应力包括真空度等物理量的计量单位采用国际单位制中的"帕斯卡"，简称"帕"，单位符号为Pa（1个标准大气压＝101325帕）。在给定的空间内，压强低于101325帕的气体状态称为"真空"。真空的划分标准为：

低真空：101325－1333帕

中真空：1333－1.33×10^{-1}帕

高真空：1.33×10^{-1}－10^{-6}帕

超高真空：10^{-6}－10^{-10}帕

极高真空：＜10^{-10}帕

以储存环的真空为例，为达到正负电子束流寿命大于10小时的要求，储存环的动态压强要优于7×10^{-7}帕，这已达到超高真空标准。要在几百米的管道中达到这个指标可不是一件容易的事。这里所说的动态真空是指除了要排出管道中原有的气体，还要去除束流对管道真空度的影响。正负电子束流在储存环中沿弧形轨

图4-23 储存环的一段真空管道

道前进时，沿切线方向射出的同步辐射光会不断甩出高能量的光子。它们打在真空管道内壁上会引起气体解吸（解吸是吸收的逆过程，即将以前吸收的气体放出来），造成系统气压上升，真空度降低。科学家采取了多种措施来克服这点，包括将弯转区域的真空管道设计成特殊形状、在真空管内壁镀上氮化钛的涂层、在一

图4-24 对撞区的真空管道

些重要的位置安装光子吸气器等，以保证储存环的真空度达到设计要求。

储存环的真空管道并不是一个直通的整体，而是由数千台各类设备组成的庞大系统。为了便于制造、安装和维修，真空管道被分成许多段，它们之间用法兰盘和可伸缩的波纹管连接在一起，还要按照设备的分布情况分为多个区段，每段的两端都配有真空阀门。这样，不仅加速器设备可以顺利地安装在真空盒上，维修设备时也仅是涉及区段的真空受到破坏，维修起来就容易多了。

真空管道在安装前都要经过多道工序的清洗、检漏、烘烤，并预抽极限真空，安装后还要靠束流产生的同步辐射光继续解吸真空盒壁吸附的残余气体。真空系统的安装及调试是一项极为艰苦细致的工作。

储存环真空系统包含80根弯转段真空盒、120根直线段真空盒、152个射频屏蔽波纹管、175个光子吸收器等。真空获取和测量系统包括不同抽气速度的离子泵317台、钛升华泵85台、不同型号的吸气剂泵221台，还有大量的真空阀门、热阴极真空计、冷阴极真空计、残余气体分析仪等。另外，对撞区的特殊真空设备，由于安装及检修的原因，暴露在大气的机会多，加上对撞区要求的真空度更高，因此，系统更为复杂。

📖 知识链接

国内真空技术的飞跃　北京正负电子对撞机在建造过程中研制成功了超高真空溅射离子泵、分布式离子泵和超高真空阀（包括气动阀、充气阀、微调阀、快速保护阀等）；解决了超高真空系统联结和密封问题；研制了超高真空规管、控制电源及真空检测系统等。作为一项高技术发展的重要基础技术，我国在大容积超高真空技术方面达到了国际水平，具备超高真空获得、检测等成套设备的批量生产能力。

⑪ 比极冷还冷的低温

超导低温与生活中的低温不是一码事。南极大陆95%以上常年被冰雪覆盖，是地球上最寒冷的地方，环境温度在零下50至60摄氏度，称得上是"极冷"了。而超导低温指的是比这还要低得多的温度，只能用"比极冷还冷"来形容了。

📖 知识链接

• 低温制冷与绝对零度 绝对零度是热力学理论上的最低温度。热力学温标的单位是开尔文（K），绝对零度就是开尔文温度标定义的零点。0开尔文约等于零下273.15摄氏度。

从理论上说，绝对零度不可能达到而只能无限接近。因为，任何空间必然存有能量和热量，并不断进行相互转换，能量并不消失。所以，真正的绝对零度应该是不存在的，除非该空间自始即无任何能量和热量。

极低温条件一般通过液氦与液氮实现。经过压缩的高压常温氦气，先经过液氮冷却（液氮温度为零下196摄氏度），然后通过膨胀机对外做功而进一步降低温度，最终部分氦气可以液化，一个大气压下的液氦温度为4.2开尔文（零下268.95摄氏度）。

对撞机共有三组需要低温运行的设备。两台超导高频腔要求工作在4.5开尔文，也就是零下268.65摄氏度，这时腔壁的电阻接近于零，腔本身几乎不损耗功率。除此之外，还有对撞区的超导插入磁体以及北京谱仪的超导螺线管磁体也要求在"零"电阻态工作。两台超导插入磁体的设计极其复杂，在同一个磁体上有七种不同功能的超导线圈，是世界上最复杂的加速器超导插入磁体之一。长3.9米、内径2.75米的谱仪超导螺线管磁体，励磁电流为3370安培，场强达1万高斯（Gs），是我国自行研制的最大的单体超导磁体。当两台超导插入磁体插入超导螺线管磁体内部时，相互间的电磁力超过质量为1吨的物体受到的重力，联合励磁的难度极大。

📖 知识链接

超导 超导是指某些物质在一定温度条件下电阻降为零的现象。1911年荷兰物理学家昂内斯（H. K. Onnes）意外地发现汞在温度降至4.2开尔文（零下268.95摄氏度）附近时突然进入一种新状态，其电阻小到实际上测不出来。他把汞的这一新状态称为超导态，以后又发现许多其他金属也具有同样的特性。因

图4-25 对撞区的插入超导磁铁

这一发现，昂内斯获得了1913年的诺贝尔物理学奖。

人们把处于超导状态的导体称为"超导体"。超导体没有电阻，电流流经超导体时不会发生热损耗，可以毫无阻力地在导线中形成强大的电流，从而产生超强磁场。

普通低温超导材料可以在液氦温度下实现零电阻，但近年来发现的高温超导材料可以在液氮温度下实现零电阻。由超导材料导线做成的磁铁叫作超导磁铁。

为了给三组超导设备产生、分配以及储备冷量，就需要建立一个大型的低温系统以提供所需的低温环境。这个系统包括预冷、制冷、液化、稳定运行模式、复温模式，以及控制、监测及安全保护，是我国首次在大型加速器上装备的低温系统，技术上的挑战是巨大的。

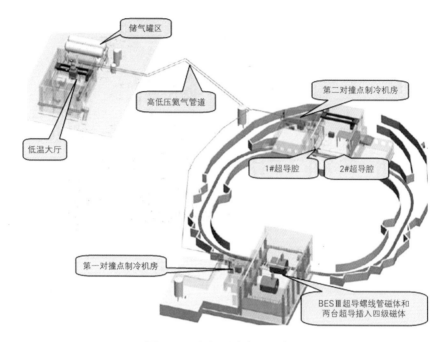

图4-26 低温系统布局示意图

这套低温系统的总制冷能力约为1千瓦/4.5开尔文，配电容量约700千瓦。从系统布局示意图可见，低温大厅的位置在储存环隧道之外，占地约1000平方米。氦压缩机、空气压缩机、冷却水系统、控制系统等安装在低温设备厅内，厅外的配套设备有大型氦气储存罐及缓冲罐、压缩空气储存罐、液氮储存罐等。

两台具有相同制冷能力的500瓦/4.5开尔文的制冷机安放在储存环南北两个制冷机房内，它们分别为超导磁体和超导高频腔提供制冷。每台超导设备附近都需配备大型低温阀箱、杜瓦（低温容器）及电流引线等。这些设备分别由多通道和单通道的低温传输线连接。多通道传输线可不简单，其中不仅包含液氦的输送及返回管路，还包含液氮的输送及返回管路，所有的内管必须包有几十层的绝热材料。各类低温阀门负责控制与调节液氦与液氮的压力和流量。

图4-27　超导高频腔阀箱与超导磁体杜瓦阀箱

　　三组超导设备每年要连续
运行10个月以上，为保证昂贵
的超导设备长期安全运行，整
个低温系统必须实现控制自动
化。为此，在系统的各个部位
安装了超过150个低温温度传
感器，依靠它们提供的数据，
控制安排整个低温系统的运
转，满足不同模式的运行要
求、液氦和氦气的回收与储

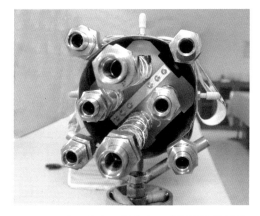

图4-28　我国自主研制的多通道低温传输管线

存、氦气的纯化处理等，还要在运行过程中避免热冲击、低温容
器压力过大、电流引线的流量失控，以及超导设备在异常情况下

发生失超时采取紧急的保护措施，如低温液体的排放、系统的平稳升温等。

北京正负电子对撞机采用了世界先进的低温与超导技术，是国内首个同时拥有超导腔、超导插入磁铁和超导探测器磁铁的大型氦低温制冷系统，研制过程中工程人员掌握了大量关键技术，大大推动了国内低温技术的发展。

⑫ 束测"特种部队"

从注入器的电子枪出口到储存环的对撞点，正负电子束流怎样才能按照要求被加速到接近光速并保持在储存环中回旋？怎样才能控制正负电子束流在很小的截面内准确对撞？要知道对撞机运行时整个地下隧道是封闭的，所有人员都无法留在现场，只能在布满显示屏的中央控制室中进行远距离控制。运行人员需要快速、准确地了解正负电子束流的位置、束流强度、束团形状、束团分布、束流损失、束流稳定性、同步光束流情况、束团在对撞点的位置和夹角等。这些重要的信息通过什么办法才能获得呢？有一支束测"特种部队"专门负责束流的测量，它们就是沿加速器真空管道分布的各种类型的束流探头。它们有的身高体壮，有的个子小巧，有的均匀分布，有的只隐蔽在需要之处。它们的职责不同，但个个身手不凡，恪尽职守，随时睁大警惕的"眼睛"，快速准确地将获得的信息传送给"上级指挥员"。

在加速器中数量最多的是束流位置监测器，分辨率约为10微米。基本上每块四极聚焦磁铁附近都要有这么一个"特种兵"，仅正负电子储存环上就有138个，而对撞区的束流位置监测器布局则更加密集。它们提供的数据用于帮助优化束流的注入以及调试。

在储存环里，还有一种担负特殊任务的束团流强监测器，工作时要与正负电子束团注入过程同步，每次测量必须在20毫秒内完成，获取束团在储存环回旋256圈的流强数据，取平均值后通过高速数据传输系统送到中央控制室。

对正负电子束流束团的横向截面尺寸、纵向长度等参数的测量是利用同步辐射光的特性进行的。负责这项任务的是同步光监控器，它们实时监视

图4-29　束流位置监测器和束流损失监测器

同步光的光斑形状，报告束团的横向截面尺寸、纵向长度等重要数据，还要用高速相机记录下单个束团的截面尺寸。这些数据传输到中央控制室作为调束的重要参考。

在每个四极聚焦磁铁下游真空管道两侧，成对安装了束流损失监测器，其主要职责是报告束流损失的准确位置。正负电子环上共安装了115对监测器。多种原因造成的束流损失都会因电子与真空管壁相互作用时的簇射效应而在真空外壁表面产生大量的次级粒子。通过对这些次级粒子的探测就可以了解束流损失的情况。

在储存环中还有不少其他功能的束流探头担负着各自特别的职能，例如测量工作点、测量束流平均流强和寿命，以及测量束流横向、纵向反馈等。

每个束流探头都需要配备处理高速信号的电子学插件以及传输高速信号的电缆。整套系统涉及机、电、光、加速器物理和软件开发等多个学科，而且要克服高辐射环境下弱信号易受干扰等大量难题，以保证束流探测所需数据的高精度。

对撞机庞大、严密的束流测量系统就是由种类繁多的束流探头加上信号处理电子学、计算机及控制网络组成的，它所提供的精确、充分的束流和加速器的各种参数信息，是运行人员提高正负电子束流注入效率、优化束流光学参量和监控束流的重要依据。

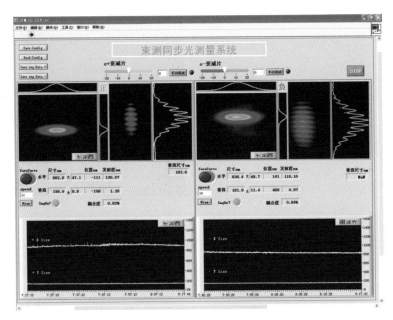

图4-30　中央控制室的束流尺寸实时测量显示界面

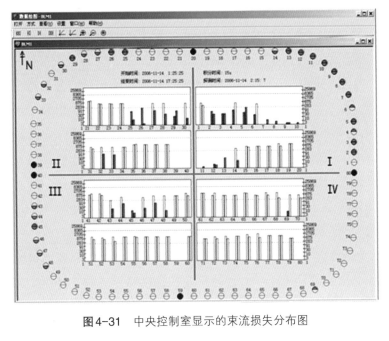

图4-31　中央控制室显示的束流损失分布图

⑬ 每秒相撞一亿次

在对撞机的对撞点上，安装着北京谱仪——它负责在正负电子束流对撞时捕获并记录对撞产生次级粒子的飞行径迹、电荷、速度和能量等参量。

对加速器来说，这段区域被称为"对撞区"。北京正负离子对撞机"对撞区"的长度仅28米，大约只有国际上同类加速器对撞区长度的1/3。如何在这样短的距离使分别在两个环内回旋的正负电子束团保持足够小的束团尺寸交叉对撞，然后还要迅速将正负电子束团分开进入各自的轨道，这可是一个巨大的挑战。

在采用大交叉角对撞方案的同时，科学家和工程人员巧妙地运用国际顶尖技术，在狭小的对撞区内设计了多种特殊设备，包括2台超导插入磁铁、2台高精度切割型偏转磁铁、4台双孔径四极磁铁、8台窄型四极磁铁、12台对撞区二极校正磁铁，并设计了

图4-32 可调活动支架上的超导磁铁

图4-33 对撞区的多种特殊设备

形状特异的对撞区真空盒，成功实现了在如此短的距离内高流强束流的精确对撞以及正负电子束流的迅速分离。

对撞区的两台超导插入磁铁，深入探测器的内部接近对撞点仅0.6米之处，以每米18万高斯的强磁场梯度，将储存环中以十分接近光速运动的70—120个束团在对撞点之处聚焦到水平方向约1.6毫米、垂直方向约20微米的微小截面里。当储存环中的正负电子束流积累到足够高的流强后，就调整束流在对撞区的轨道让它们对撞，每秒钟大约有1亿次的相撞并要持续数个小时。

产生碰撞的正负电子"粉身碎骨"，围绕对撞点的北京谱仪便开始搜集它们"粉身碎骨"后所产生碎片的各种信息了。由于正负电子非常小，即使是微米量级截面的束团，也只有极少一部分碰撞。没撞着的呢？紧挨对撞点的两台高精度切割偏转磁铁即刻将正负电子束流偏转到各自的轨道继续回旋去了。对撞机运行期间，储存环大约每隔2—3小时补充注入正负电子束流，每天24小时周而复始以上的注入、积累和对撞的过程。

⑭ 指挥中心在哪里

从以上的介绍中我们已能大致了解对撞机为何如此庞大，如此复杂，要运行这样一台大装置谈何容易。对撞机运行的指挥中心在哪里？它就是中央控制室。

中央控制室布满了各种大屏幕显示屏，复杂的控制系统实际上隐身在它们的背后。运行人员在这里对分布在注入器、输运线、储存环以及相关辅助设施上的2000余台设备进行控制，信号总数在20000个左右。控制系统的任务是，在中央控制室能随时掌握加速器运行的各种信息，数千台设备都在计算机控制下协调工作。运行人员可通过人机接口装置来操纵磁铁电源、高频、真空、注入、束测、低温和安全防护等系统设备，按照设计要求进行实时控制、监测和信息存储，实现正负电子束流的产生、输运、注入、积累、加速并使其对撞，保证对撞机稳定、高效地运行。

图4-34　中央控制室

图4-35 隐身在中央控制室大屏幕显示器背后的部分设备

控制系统采用了先进的实验物理与工业控制系统（EPICS），与国际加速器控制系统接轨。关于EPICS，由于技术上过于专业，这里不作详细介绍，它是美国几个国家实验室联合开发的大型控制软件系统。以下是控制系统的主要工作内容：

- 对输运线、储存环上420台不同种类的磁铁电源进行控制。
- 对输运线、储存环上317台真空系统不同种类的离子泵电源、48台真空计、18个真空阀门控制器进行监测和控制。
- 对本章第6节中介绍的4台负责在正负电子束流注入储存环时"踢一脚"的冲击磁铁电源进行控制和调整。
- 对本章第9节中介绍的两大"加油站"中的高频发射机和超导腔进行监控，掌握超导腔及所需低温系统的工作状态，并设有连锁保护。
- 对本章第12节中介绍的450余个束流测量探头信号进行监测和图形显示，包括束流强度、截面、位置的实型参数，以及束

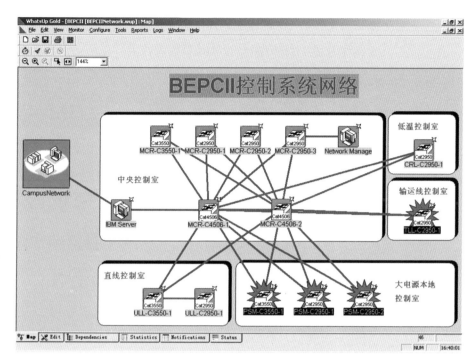

图4-36　中央控制室的控制系统网络显示

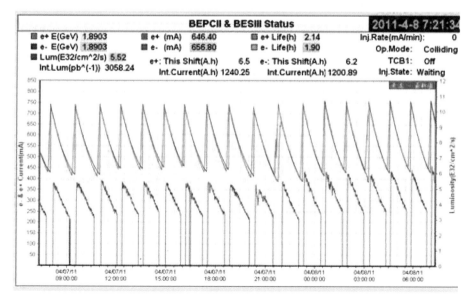

图4-37　中央控制室的对撞机运行状态

流发射度、能散度、束流损失情况的动态参数显示。

• 对本章第11节中介绍的低温系统设备进行控制，保证三组重要的低温超导设备正常运行。

• 监控注入器控制室中检测及控制的各类数据。

• 为加速器、探测器的各个系统提供定时同步触发信号，即在每个重复周期内定时发布一系列精确的时序触发指令，保证这些设备按照一定的时间顺序工作，不能抢先也不能延迟。

• 为各系统及人身的安全实施连锁保护，提供重要的报警及运行状态显示。

• 提供数据库定时存放设备和对撞机运行的实时数据，以及存放静态参数、实时信号的历史数据和对撞机运行所需的物理参数。

• 通过网络和视频发布对撞机运行信息。

……

由此可见，这套控制系统有多复杂！除此之外，还要求系统具有高可靠性和实时响应速度，具备友好的人机操作界面及信息综合处理的能力。

⑮ 对撞机安全吗

了解了对撞机加速器部分的工作状态，读者的心中会不会有些担忧：正负电子束流以接近光速的速度运转，每秒钟还要进行上亿次的对撞，辐射剂量大不大？在这里工作的人员是否安全？它对周围的环境会不会有危害呢？

加速器的确都会产生放射性辐射，包括高能电子辐射、光子辐射、中子辐射等，但辐射是可以防护的，关键是屏蔽措施做到位。让我们先看一下对撞机的辐射屏蔽措施。对撞机所有的主体工程全部位于地下，最宽处约150米，长约400米。注入器的隧道顶部（即巨大羽毛球拍的把部）覆盖着3.5米厚的土层作屏蔽，其上方沿隧道建有速调管长廊。储存环的跑道形隧道顶部覆盖0.5米厚的重混凝土作屏蔽，沿管道加有混凝土块搭成的防护墙。环内场地建有若干建筑物，作为储存环的电源、高频、真空、纯水热交换站及中央控制室之用，对撞点附近为半地下式的实验厅。

图4-38　混凝土块搭建的辐射防护墙

整个对撞机的地下隧道是完全封闭的，从外界进入隧道的电缆、水管、风管、低温管道等绝大部分由地下进入，这就避免了辐射通过这些管道泄漏到地面的问题。极少部分不得不露于地面上的孔道在设备安装结束后填放1米厚的沙袋作防护，防护效果完全符合国家辐射防护标准。根据不同的情况，地下隧道的出入口开设三阶迷道或设多重防护门。防护门用20厘米厚的重混凝土加铅屏蔽板制作而成，外面加一道设有门禁的普通门。

各种监测数据的结果表明，工作区及周围环境的辐射剂量值远远低于国家设定的防护标准。

有人会问，万一发生意外事故或者设备发生故障时怎么办呢？对撞机设有为加速器设备和工作人员的人身安全提供的联锁保护系统。一旦意外事故发生或设备发生故障时，该系统自动报警并实施紧急联锁保护措施，终止对撞机运行，保证人员不受辐

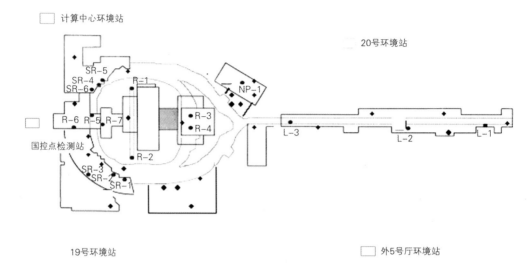

图4-39 监测点分布示意图

射伤害，同时保护加速器关键设备安全。

　　另外，如果对撞机运行期间突然停电，会造成辐射事故吗？不会！如果遇到停电，对撞机将无法运行，正在运动的正负电子将立即消失，且不会继续产生新的正负电子，所以不可能造成辐射事故。

第五章

大型粒子
探测器北京
谱仪

探测器是探测、记录粒子径迹和能量的装置，是粒子物理实验研究中不可缺少的科学研究设备。大型加速器上的谱仪由多种探测器组成，观察和测量粒子对撞后产生的次级粒子的能量、动量、质量、位置、出射角等。科学家根据这些信息可以重建对撞反应过程，研究基本物理规律。如何追踪粒子的细小"脚印"？如何精确测量粒子的能量？如何在海量的信息中摘取有用的信息，研究基本物理规律？让我们一起来了解北京谱仪的工作原理。

扫码看视频

北京谱仪Ⅲ超导磁体研制中。

① 火眼金睛辨粒子的北京谱仪

北京谱仪是由多种探测器组成的大型综合谱仪，它安装在对撞机储存环的对撞点上，就像对撞机的眼睛，可以观测并记录正负电子对撞后在纳秒时间尺度内发生的全部过程。当正负电子束流在对撞点对撞后，它便开始工作，获取、记录正负电子对撞后产生的海量信息，包括各种次级粒子的能量、动量、质量、飞行时间、空间位置等参数，供科学家测量以定量重建整个反应过程，研究其与已知物理过程的异同，寻找新的物理现象、规律和粒子。北京正负电子对撞机的科学目标要通过北京谱仪来实现。

北京谱仪是目前我国最大的单台科学仪器，完全由我国科学家自行设计与建造。第一代北京谱仪于20世纪80年代开始建造，

图5-1　第三代北京谱仪

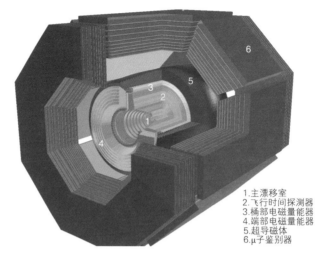

1.主漂移室
2.飞行时间探测器
3.桶部电磁量能器
4.端部电磁量能器
5.超导磁体
6.μ子鉴别器

图5-2 北京谱仪结构示意图

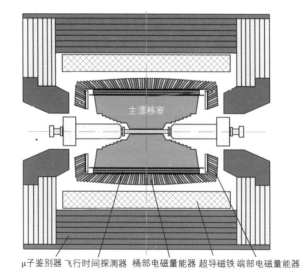

μ子鉴别器　飞行时间探测器　桶部电磁量能器　超导磁铁　端部电磁量能器

图5-3 北京谱仪总体结构端面视图

第二代北京谱仪（BESⅡ）于20世纪90年代改造完成，第三代北京谱仪（BESⅢ）于2008年建造完成。

北京谱仪Ⅲ是全新设计建造的高性能探测器，长11米，宽6米，高6.5米，重约650吨，包括基座整体质量达800吨。这台近两层楼高的大机器，主要包括主漂移室、飞行时间探测器、电磁量能器、μ子鉴别器四个子探测器以及磁场为10000高斯的大型超导磁铁和轭铁。四个子探测器是根据不同的探测目标而设计的。

北京正负电子对撞机的对撞点位于北京谱仪的中心，正电子与负电子束团在对撞点对撞后，会产生多种类型的次级粒子，由于具有不同的动量和能量，它们会像礼花一样散开，飞向各个方向。如果想实现对不同性质的次级粒子的探测与分辨，就需要不同类型的子探测器，北京谱仪就是利用四层子探测器以层叠的结构来完成这项任务的。在北京谱仪进行粒子探测与分辨的过程中，对撞产生的所有次级粒子首先集体"穿越"第一层探测器，部分粒子被捕获，其余粒子继续向第二层、第三层、第四层探测器飞去，最终不同类型的粒子被不同的探测器捕获。

主漂移室作为最内层的子探测器，是对撞后的次级粒子经过的第一层探测器，主要负责记录带电粒子的运动轨迹，进行动量的测量。

飞行时间探测器是第二层探测器，主要物理目标是鉴别粒子。带电粒子通过飞行时间探测器内的塑料闪烁体时会发光，并被两端的光电倍增管探测到。不同质量的粒子从对撞点到达闪烁体的时间不同，因而该飞行时间可用来鉴别不同质量的粒子。

第三层探测器电磁量能器主要是测量光子和电子的能量，电子与光子在晶体内会损失其全部能量并通过光信号被精确地探测到。北京谱仪的量能器是目前国际高能物理界技术领先的晶体电磁量能器。

μ子鉴别器为北京谱仪最外层的探测器，主要捕获飞行距离最远的粒子。大部分粒子被前几层探测器和超导磁体阻挡，只有μ子和少量其他粒子才能到达这一层。

北京谱仪Ⅲ采用国际最新的粒子探测和电子学技术，其制造与加工涵盖了物理设计、精密机械加工、材料、低温超导、快电子学、大规模数据获取与处理技术等，性能指标达到或超过国际先进水平。

② 追踪粒子细小"脚印"的主漂移室

主漂移室是北京谱仪的主要探测器之一，负责测量带电粒子在磁场中的径迹及偏转半径以获得其动量，并测量带电粒子的电离能量损失。它的整体结构为圆柱形，主要由大端面板、定位子、探测单元组成，室体内部以氦基气体为工作气体，其中氦气占60%，丙烷占40%。整个室长2.58米，外部直径1.62米。

> 📖 **知识链接**
>
> • **动量** 在物理学中，动量是与物体的质量和速度相关的物理量。表示为物体的质量和速度的乘积，即 $p=mv$。

主漂移室从里到外有43层，每层分为若干个小的测量单元，有近7000个。这些探测单元主要由信号丝、场丝构成，每8根场丝包裹着1根信号丝构成1个探测单元。场丝和信号丝的分布结构类似正方形，中心是一根直径为25微米的镀金钨丝作为信号丝，四个顶点和四条边的中点各有一根直径为110微米的镀金铝丝作为场丝。主漂移室共有近7000根信号丝和近23000根场丝，信号丝负责记录带电粒子的漂移径迹，场丝配合信号丝工作，主要用于产生电场。

对撞生成的带电粒子向外飞行，在超导磁场中受到偏转，形成一条螺旋线径迹，与主漂移室内的氦基气体原子相互作用后产

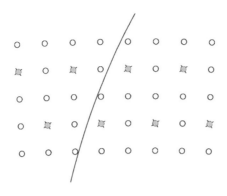

图5-4　主漂移室内信号丝和场丝分布示意图

黄色圆点为信号丝，白色圆点为场丝。

生电子离子对，电子、离子在电场中向信号丝（加正高压）和场丝（加负高压）漂移，当电子靠近信号丝时在强电场中产生"雪崩"放大过程，在信号丝上产生电信号。

通过测量丝上的信号到达的时间，可以确定入射粒子的位置。从内到外，在不同的信号丝上产生的信号形成一条径迹，通过精确测量径迹可以实现对入射粒子动量的测量。信号丝上的微弱信号通过电子学放大后被记录下来，通过数据获取系统记录到磁盘上进行离线数据处理。

主漂移室是圆柱体结构的丝室，由内外筒和端面板组成。外筒和内筒由碳纤维材料制成。两边的端面板上有近6万个孔，孔中

图5-5　布丝前的主漂移室结构示意图

间穿有定位子，所有的丝通过定位子固定在端面板的丝孔中。

定位子的作用是确定信号丝和场丝的位置，同时起到隔离丝和端面板之间高压的作用。信号丝和场丝被定位子固定在室体两个端面板的丝孔中，每根丝上设计有一定的张力。无论是信号丝还是场丝都采用人工穿丝，由于丝的直径仅为头发丝的1/3，穿丝难度很大。科研人员研发的定位子可有效解决丝的精确定位和固定的问题，也可彻底解决人工穿丝的难题，大大提高了穿丝的效率。在近30000根丝布完后，室体端面板会承载约3.5吨的丝张力。为了保证丝张力的一致性，在布丝过程中采用了施加预应力的方法。在未布丝前，通过预应力杆模拟丝的张力，使端面板产生的预变形与布完丝后的变形一致。在布丝过程中，根据已布丝的丝张力和丝的蠕变卸去相等的预应力。

图5-6　正在加工中的大端面板

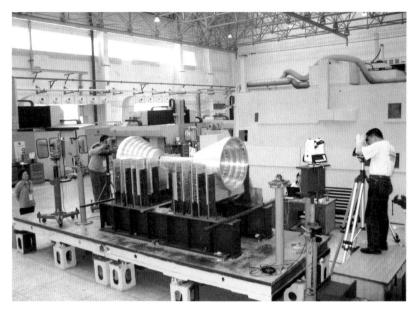

图5-7　主漂移室分段组装和测量过程

📖 知识链接

定位子　定位子由夹丝管、导电管和绝缘体组装而成，承担丝的固定和定位、高压绝缘、气体密封和电信号输入输出等多重功能。

定位子具有非常高的精度要求，它的主体部分为塑料绝缘体，在加工上，塑料绝缘体的尺寸精度与夹丝管的同轴度精度均要好于25微米；在应用方面，主漂移室3万个定位子孔的一致性要达到10微米以内，以实现每根丝在室体内的高精度定位。

定位子具有很好的高压绝缘、抗辐射和抗老化性能，以保证在北京谱仪Ⅲ运行环境下可正常工作10年以上。

图5-8 正在拉丝的主漂移室

密封是主漂移室建造的关键之一。密封的主要环节包括：内室、台阶、大端面板、外筒等室体大件之间的缝隙，各连接法兰及螺钉，近6万个定位子，主漂移室气体进出的气嘴等。科研人员通过多次试验，找到了适合于不同部位密封的6种密封胶，对所有漏气部位进行仔细的密封，室体的漏气率相对于输入流量小于1%，优于国际上运行的同类漂移室。

从主漂移室端面板加工和整体组装，反映出大科学装置

图5-9 完成布丝的主漂移室室体

的建造对我国制造业的发展起到了很大的促进作用，有力地推动了我国相关高技术领域的发展，推动了企业的技术进步。

③ 鉴别粒子的飞行时间探测器

在北京谱仪Ⅲ探测器中，需要鉴别的带电粒子主要有电子、μ子、π介子、K介子、质子和它们的反粒子，其他粒子寿命很短，在探测器中会很快衰变为上述粒子的组合。

飞行时间探测器的主要功能是粒子鉴别，通过测量带电粒子在主漂移室内的飞行时间，结合主漂移室测得粒子的动量和径迹，根据不同粒子的质量不同，实现对粒子种类的辨别。其探测效率及能力由相同动量粒子的飞行时间差和自身的时间分辨率所决定。飞行时间差随探测器的内半径的变大而增加；时间分辨率分别由正负电子对撞的起始时间推算精度和粒子打到探测器上被测量到的截止时间的精度决定。同时，飞行时间探测器也可以参

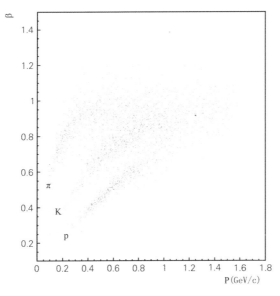

图5-10　不同类型粒子飞行速度随动量的变化图

加第一级触发判选，利用不同探测器输出信号之间的时间关系来排除宇宙线本底。

图5-10中，纵轴表示粒子的飞行速度，横轴表示粒子的动量。图中，随着粒子动量的增加，粒子的飞行速度增加；而质量低的粒子（图中π）的飞行速度比质量高的粒子（图中p）大，这个性质被用于粒子鉴别。

一般的塑料闪烁体型飞行时间探测器（如图5-11所示）由塑料闪烁体、光导、光电倍增管等组成。带电粒子入射到塑料闪烁体内，使得塑料闪烁体内的原子（分子）电离、激发，在退激发过程中发光，被安装在塑料闪烁体两端的光电倍增管收集并放大，在阳极输出快脉冲信号。由于塑料闪烁体时间分辨率可以到达100皮秒以下，适合北京谱仪Ⅲ的工作能区，同时塑料闪烁体飞行时间探测器比其他新型的用于粒子鉴别的探测器简单，所以北京谱仪Ⅲ采用塑料闪烁体飞行时间探测器作为粒子鉴别探测器。

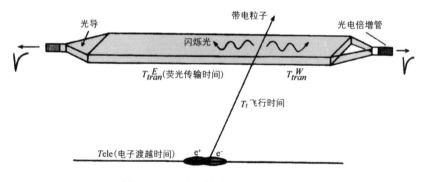

图5-11　飞行时间探测器工作原理

飞行时间探测器包裹在主漂移室外部，由桶部和端盖两部分组成。桶部采用双层闪烁体相对错开的排列方式并实现两端读出，闪烁体厚5厘米，沿圆周方向共有88块。端部由于空间的限制，采用一层闪烁体并在靠束流管的端面单端读出。不同速度的粒子到达闪烁体的时间不一样。根据主漂移室中的径迹得到粒子的动量后，再利用粒子从产生到到达闪烁体的时间，可以用来区分粒子的类型。

为使探测器达到尽可能高的时间分辨率，科研人员对闪烁体种类、厚度、包裹闪烁体的反射材料、光电倍加管等进行了大量调研和测试。由于读出光的光电倍增管处于磁场中，同样高压下放大倍数小了

图5-12　飞行时间探测器安装在主漂移室外

两个量级，为解决这个问题，一方面增加光电管上的高压，另一方面在设计上增加了一级电子学放大，放大倍数约10倍。飞行时间的电子学读出系统时间分辨率好于20皮秒。这些措施保证了良好的时间测量性能。通过数据分析和对数据刻度的改进，桶部两层探测器最终的时间分辨率达到70皮秒，为国际最好水平。

④　精确测量粒子能量的电磁量能器

高能物理实验中测量粒子总能量的探测器被称为量能器。电磁量能器是北京谱仪的第三层探测器。

当高能粒子打进探测器材料内部时，会与材料的原子核和核外电子发生相互作用，有一部分能量会沉积在材料内部，通过探测这部分能量，就能反推出入射粒子的能量。这就是量能器的探测原理。

高能物理实验中的量能器一般包括电磁量能器和强子量能器两种。由于对撞能量低，北京谱仪Ⅲ只有电磁量能器，用以测量电子和光子的能量和位置信息。

知识链接

电磁量能器　高能电子或光子在介质中会产生电磁簇射，其次级粒子总能量损失与入射粒子总能量成正比，收集到总能量损失即可确定粒子的总能量。电磁量能器又称簇射计数器，是利用γ和 e 等在介子中会产生电磁簇射的原理，通过测量电磁簇射的次级粒子的沉积能量，得到γ和 e 等的能量。它是鉴别γ和 e 等电磁作用粒子与其他种类粒子的主要探测器。

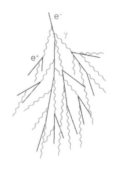

图5-13　电磁簇射

能量分辨率是量能器最重要的指标之一。晶体具有较高的发光强度和发光效率、较小的辐射长度以及性能稳定等优点，在高能物理实验中被广泛应用。采用晶体作为测量介质，不仅可以获得高的能量分辨率，还具有较小的体积。以晶体为介质的量能器，其能量分辨率由晶体的发光性能决定，包括总发光量、发光均匀性、光在晶体中的传播特性等。科研人员通过仔细比选多种晶体，最终确定使用掺铊碘化铯晶体 CsI（T1）作为北京谱仪Ⅲ电磁量能器的测量介质。掺铊碘化铯晶体具有较高的发光强度和发光效率，由于原子序数较高，具有短的辐射长度，同样性能的量能器可以做得更小，具有最好的能量分辨率，特别是在低能量区域。对 1GeV 的电子和光子，该量能器能量分辨率为 2.5%。

北京谱仪Ⅲ电磁量能器共有 6240 根 28 厘米长的掺铊碘化铯晶体，晶体总重 24 吨多。晶体生长及其质量控制是量能器制造的关

键。晶体的生产时间耗时长达两年以上，它的质量与原料、生产
工艺、生产条件、后加工处理等都有密切关系。为保证整个量能
器的质量，科研人员需要逐块对晶体进行测试、验收。

北京谱仪Ⅲ电磁量能器的
机械结构充分考虑了碘化铯晶
体的特性，采用了与国际上其
他晶体量能器完全不同的新型
设计——用螺钉将晶体吊挂在
支撑结构上，晶体内部没有结
构。而国际上其他晶体量能器
一般是将晶体装入碳纤维或铝
制的蜂窝状结构中。这种没有
晶体之间支撑墙的设计，既降低了晶体量能器造价，又减少了无
信号的死物质层，提高了能量测量的精度。

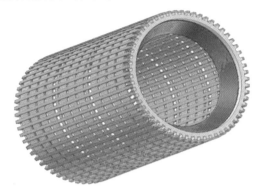

图5-14 电磁量能器结构

图5-15 量能器进入北京谱仪

对量能器而言，每一个粒子的能量都需要将该粒子击中中心周围的20多根晶体能量相加，其中任何一根晶体出现问题，都会影响周围20多根晶体的能量测量精度，所以在量能器制作中要确保每一根晶体都完好。科研人员在晶体的挑选、光二极管的黏结、前放及信号线的引出等多方面精心设计和制作，6240根晶体组成的量能器运行了6年多，没有一根晶体失效，充分保证了数据质量。

⑤ 寻踪μ子的μ子鉴别器

μ子鉴别器位于北京谱仪Ⅲ探测器的最外层，主要包括μ子探测器和强子吸收体。它的主要功能是测量正负电子对撞反应末态中的μ子，通过多层测量确定它们的位置和大致飞行轨迹。与内层探测器的粒子径迹相连接，可精确测量μ子的动量并与其他带电粒子（尤其是π）区分开来。

在国际大型高能物理实验中，阻性板计数器和流光管是探测μ子较为常用的两种探测器。考虑到阻性板计数器具有结构简单、价格低廉、探测效率高、信号读出方式灵活、占用空间小、信号响应快等特点，北京谱仪Ⅲ最终确定使用阻性板计数器作为μ子鉴别器的探测器。

📖 知识链接

• **阻性板计数器** 阻性板计数器简称RPC，由两层高阻抗的平行电极板组成，中间通工作气体。当粒子穿过该气体室时，产生雪崩或流光信号，在气体室外面通过读出条引出感应信号。多层阻性板计数器还允许同时多层读出。这些阻性板材料具有很高的电阻率，每一层阻性板计数器与相邻层是相互独立的，但信号可以叠加，由此可以提高其探测效率。

阻性板计数器已成功用于日本 KEK B 介子工厂上的 Belle 探测器、美国 SLAC B 介子工厂上的 BaBar 探测器、欧洲核子研究中心的 L3 探测器、欧洲大型强子对撞机 LHC 上的 CMS 和 ATLAS 实验等。

图 5-16　阻性板计数器

目前国际上制作阻性板计数器多采用两种材料：玻璃或电木。在电木阻性板计数器的表面处理工艺中，通常以表面覆盖一层亚麻油的方法来增加其表面的光洁度，减少噪声信号，但这种办法存在使用寿命过短的问题。高能物理研究所科研人员经多次反复实验，研制出一种新型阻性板材料。通过在阻性板表面压密胺膜的方式，使其光洁度和玻璃相当。这次技术革新，使阻性板既可以达到玻璃阻性板计数器的良好性能，避免了玻璃质量重、易碎和易被腐蚀的缺陷，也避免了涂油的电木阻性板计数器稳定性差的缺陷。利用这项技术生产的无油阻性板计数器探测器性能稳定可靠，并且在国际上产生了很大的影响。

北京谱仪Ⅲ机械结构的主体部分是谱仪轭铁，担负着支承各子探测器的任务，也是μ子鉴别器的强子吸收体部分，整个机械系统的制作、安装、定位精度都在毫米级别，这是非常大的挑战。科研人员凭借准确定位、精确安装圆满完成了这项工作。

图5-17　μ子鉴别器安装完成

⑥　强制带电粒子偏转的超导磁铁

对撞产生的各种次级粒子具有不同的动量和飞行方向，在均匀磁场中带电粒子的运动轨迹是一条螺旋线，带电粒子的偏转离不开超导磁铁。要使粒子实现偏转以测量其动量，需要在足够大的空间产生足够强的磁场。粒子的动量越大，需要使其偏转的磁场强度越高，磁场越强，粒子偏转所受到的力也越大。

北京谱仪Ⅲ的超导磁铁是直径约3米、长度为5米的大圆柱体，内部的磁场有10000高斯。在这么大的空间内产生10000高斯的磁场并不是一件容易的事。地球的磁场约为0.5高斯，10000高斯相当于地磁场的2万倍，这需要使用超导磁铁才能完成。

磁铁可分为永磁铁和电磁铁两种。小孩子用来吸铁钉子的是永磁铁，不用通电，永远有吸力，所以叫永磁铁。将许多块永磁铁拼接起来，可以得到磁场强度为几百高斯的大磁铁。用导电的电线，环绕一圈，构成圆环线圈，给线圈通电后，就能产生磁场，这就是电磁铁，圈数越多，通的电流越大，磁场就越强。一个包含许多圆环的长线圈称为螺线管，螺线管中的各个圆环所产生的磁场叠加，可以形成较强的总磁场。

超导磁铁与普通磁铁相比，有三大优点：第一，它可以产生比普通磁铁强很多的磁场；第二，有利于减小整个北京谱仪的尺寸和质量，让它能够安装在正负电子对撞机的对撞大厅内；第三，省电，之前的第二代北京谱仪使用普通磁铁，磁场4000高斯，耗电要2000千瓦，而第三代北京谱仪使用的超导磁铁，磁场10000高斯耗电才300千瓦，大大降低了运行经费。

北京谱仪Ⅲ的超导磁铁是我国目前最大的单体超导磁铁，它的研制成功标志着我国超导技术的巨大进步。超导磁铁主要包括超导线圈、低温恒温器、冷物质及电磁力悬挂支撑结构和阀箱等。与组合型磁铁相比，单体超导磁铁具有口径大、磁场强度高且均匀的特点，满足正负电子对撞机探测器的要求。利用液氮、液氦降温，线圈在零下269摄氏度左右实现超导，励磁到10000高斯，电流达到3370安培，最大储能达到10^7万焦耳。这台设备采用单层线圈内绕工艺、强迫氦两相流冷却技术，通过专门设计的阀箱与氦制冷机相连接，实现远距离控制。

我国之前缺少制造大型超导磁铁的经验。在北京谱仪Ⅲ建设

图5-18 正在绕制的大型超导螺线管线圈

过程中，高能所在自主研制过程中，工程技术人员解决了一系列的技术难题，如大口径超导线圈绕制技术、绝缘固化工艺、间接冷却技术、低温阀箱、专用电流引线、低压大电流高稳定度直流电源、失超保护装置、无磁自动三维测磁机等。我国通过自主研制超导磁铁，成功掌握了超导磁铁技术的多个方面，使我国的超导磁铁技术能力向前跨越了一大步。

图5-19 安装中的超导磁铁

　　超导磁铁技术广泛应用于其他方面，比如矿山里的超导选矿机、煤炭码头上的超导除铁器等。超导磁铁技术的产业化应用打破了超导磁铁长期以来一直依赖进口的局面，对促进、加快实现我国重大工业装备国产化具有重大意义。

⑦ 筛选事例的触发判选系统

除探测器、超导磁铁等硬件外，触发判选、数据获取、电子学等系统也是北京谱仪的重要组成部分。这些应用系统记录并筛选信息，供科学家重建正负电子束流对撞后的反应过程，寻找新的物理现象、规律和粒子。触发判选系统是快速实时事例选择和控制系统，即在极高的本底下高效选出有用的物理事例，并把本底压缩到数据获取系统可以接受的程度。

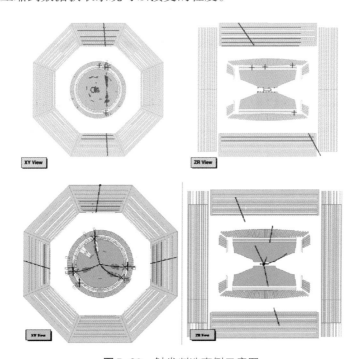

图5-20 触发判选事例示意图

上图中，第一个事例粒子径迹不通过探测器的中心，而且上下μ子鉴别器中都有径迹穿过，可以判断为宇宙线本底事例，在触发判选系统由于找不到径迹和在飞行时间探测器上、下两个单元中的时间差而排除。另一个事例径迹来自探测器中心的顶点，应该是好事例，在触发判选系统中因找到两个或以上好径迹而被接收。

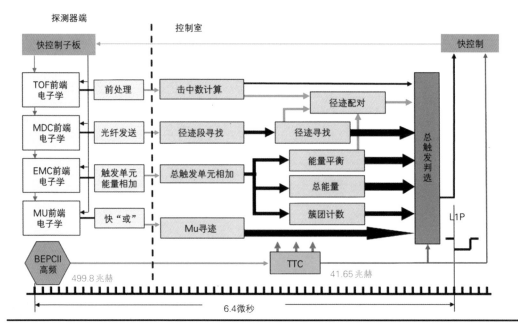

图5-21 触发系统结构图

北京谱仪Ⅲ每秒最多可能产生25亿个事例，如此海量的数据量无论是从技术上还是从成本造价上考虑都不可能被完全记录下来，更重要的是如此庞大的数据里面有用的事例只有几百个，最多两千个，全部记录下来对后续的数据分析工作也是人力和物力的极大浪费。因此需要对这些海量事例进行挑选，把有用的事例（称为好事例）挑出来存储，没用的事例（称为本底事例）扔掉，这就是触发判选系统的任务。

触发判选的过程好比在草堆中找针，但这任务比在草堆中找针还要难上百倍。把好事例从本底事例中找出来需要借助北京谱仪的各个探测器的不同结构特性和信号特性，通过巧妙的构思和计算机的模拟计算，确定好事例和本底事例的不同点，进行区分。但现实情况是这种分界线不是很清楚，因此，一种极端的可能是把好事例给误判为本底事例；另一个极端是大部分本底事例被误判为好事例，造成事例率压不下来，因而数据不能及时存盘造成实验的效率降低。所以触发判选系统是北京谱仪实验的心脏。

除了需要根据物理需求进行方案设计，触发判选系统也需要借助探测器给出的几万路电子学信号进行触发判选。科研人员在北京谱仪Ⅲ研制中首次大胆采用了最新的光纤传输和高速串行（RocketIO）技术，首先进行数据汇总再进行集中处理，克服对称性困难，成功设计、建造了具有单路波特率1.6Gbps、整体波特率205Gbps同步数据传输和处理能力的触发判选系统。该技术当时处于国际领先地位并获得国际同行高度认可。触发技术团队后来在德国PANDA实验、日本Belle Ⅱ实验和欧洲核子研究中心CMS实验中获邀承担相关系统的设计，并得到成功应用，展示了中国科学家在高能物理实验装置设计的领先能力。

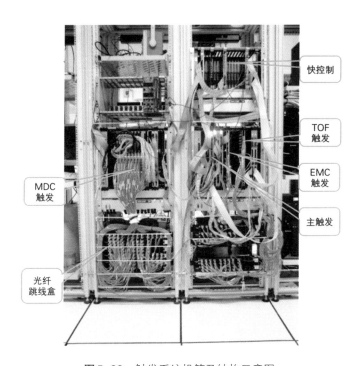

图5-22 触发系统机箱及结构示意图

⑧ 实时"拍照"的电子学系统

在日常生活中，为了记录发生在瞬间的事件，人们通常使用相机进行抓拍，照片使瞬间成为永恒。在正负电子对撞的瞬间会产生不同种类的次级粒子，这些粒子将在探测器中留下它们形态各异的"脚印"。有些粒子留下一排直的"脚印"，有些粒子留下弯弯印记；有些粒子走得快些，有些走得慢些；有些走的路程很短，有些走得很远很远。另外，这些粒子"脚印"的大小和深浅也各有不同。根据不同的特点，科学家们就能够清楚辨别究竟是哪种粒子曾经走过。电子学系统的作用就是对探测器系统给粒子留下的"脚印"拍摄的照片进行快速处理，把模糊的、不太清晰的照片处理得更加清晰，把重叠在一起的照片进行分离和挑选，把早先的印记和刚刚新踩出的印记进行区分。这样，物理学家们最终能够从一大片复杂、凌乱的"脚印"中追踪出要找的粒子。

当然，正负电子对撞所产生的次级粒子数量非常多，留下的"脚印"更是不计其数，每秒钟可以产生数百万个甚至更多。人是没有办法"看"和"记"得这么快的，必须通过超高速"数码相机"——电子学系统完成对"脚印"相片的记录和快速的加工处理。具体来说，电子学系统是把探测器探测到的所有信号进行放大、数字化，利用在线数据读出系统把在大约1

图5-23 电磁量能器电子学系统

微秒内所有的信号读出，构建成一个事例，供离线处理。每个事例中包含的粒子数有几个到几十个。这台超高速"数码相机"每秒钟可以拍摄4000张"脚印"的相片。这些"数码相片"被第一时间送到智慧的大脑——计算中心进行处理。

图 5-24　把信号放大成形的工具——电磁量能器的主放大器

图 5-25　北京谱仪桶部端面

🔲 知识链接

X光数码相机电子学系统　该系统是可以记录高速粒子运动信息的"数码相机"。同样，它可以应用于同步辐射X光研究中，利用可以对X光拍照的电子学系统，拍摄记录X光作用于物质空间结构时的信息变化，可以分析物质的空间结构，进行材料学、生物学等研究。应用于同步辐射X光研究的电子学系统即为"X光数码相机"。

电子学系统除了可以记录高速粒子的运动信息，还有什么其他用处呢？就像医用的X光机可以让医生看清人体内部构造，利用对撞机产生的同步辐射X光可以研究物质的结构，电子学系统同样可以在同步辐射X光研究中大展身手。同步辐射研究的都是新材料、高分子、蛋白质等具有一定微观空间结构或晶格的物质，当X光穿过物体的空间结构时会发生偏转，产生不同的衍射、散射光斑，利用专门对X光拍照的数码相机将这些图案拍摄并记录下来，就可以分析出物质的空间结构，从而更深入地进行材料学、生物学等研究。电子学系统就相当于这台特殊的数码相机。

对X光数码相机来说，要想得到清晰的画面，需要镜头即感光材料对X光就有比较好的识别能力。实验证明，5张打印纸厚或更厚一些的硅材料对X光就有比较好的吸收能力。X光被感光材料吸收后，就被转换为电荷，成为电信号，这样电路就可进行处理和分析。但是，由于物质结构的图像精度实在太高，只能利用大规模集成电路，对图像的每一个像素点进行电信号的处理。X光数码相机的图像分辨率和日常的百万像素拍照手机相当，但是对每个

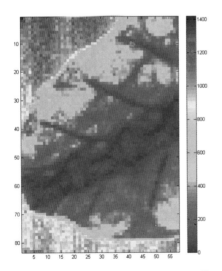

图5-26　小鱼尾巴在X光中的透视图像

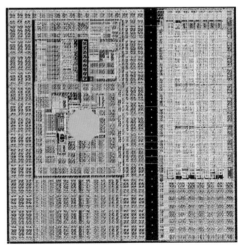

图5-27　X光相机像素单元电路（尺寸为150微米×150微米）

像素的处理过程要复杂得多。高能所科研人员研制的硅像素探测器单芯片模块就是这样的X光数码相机。在像素电路中，X光产生的电荷信息将被进一步转化，从大小随光强变化的幅度（模拟）信息转换为可以用0、1表征的计算机语言（数字信号），然后将变换后的信息发送给计算机，就可以进行高效的图像处理了。完成这样一套信号处理的像素电路只有大约100微米见方，也就是

图5-28　加工中的可组装的相机模块（包含6万个像素，感光面积为4.5厘米×3.6厘米）

和一张打印纸的厚度差不多。当然，要完成整套X光数码相机系统还涉及复杂的连接、组装、散热等工艺考虑，其复杂度不亚于一台高端摄像机。

⑨　高速度大容量的计算中心

探测器的功能是采集和获取实验数据，而要获得物理成果，还需要对实验数据进行分析和处理。因此除了正负电子对撞机和探测器外，计算系统也是取得物理成果不可或缺的部分。为了满足北京谱仪物理实验在数据记录、数据存储管理、物理模拟、物理事例的重建和物理分析等方面的要求，需要建设一个具备超大存储容量和超强计算能力的计算平台。

2009年北京正负电子对撞机完成改造正式运行以来，已经积累了超过3PB（1PB＝1024×1024GB）的数据，这些数据量相当于至少300万部高清电影的数据量之和。未来北京正负电子对撞机还

将运行至少七到八年的时间，且数据采集的速度会越来越快，预计累计的数据量将是现有数据的很多倍。如此庞大的数据仅仅存放在硬盘上不具有任何科学意义，科学家需要通过数万个中央处理器（CPU）对这些数据进行计算和分析，以探索研究新的物理现象。另外，参与北京谱仪实验的科学家来自世界各地的合作单位，采用分布式计算平台来支持科学计算，将大大方便科学家进行科学研究。这个计算系统由高速网络、高性能存储和高性能计算机组成，科学家不必关心计算机和数据在什么地方，而只需要在办公室直接通过高速网络提交数据分析的任务，计算机完成计算任务后会将结果返回给科学家。另一方面，科学家还可以通过高速网络同遍布于世界各地的合作者协同工作。

为了满足以上任务，高能所计算中心为北京谱仪设计并建设了包括高速网络、大容量存储系统、高性能计算机集群系统以及支撑软件系统在内的科学计算平台，即北京谱仪计算平台。同时

图5-29　计算中心机房

采用网格计算、云计算、志愿计算等新型信息技术，将包括国内外合作单位、普通志愿者等在内的计算机资源联合在一起，为北京谱仪等高能物理研究项目提供数据存储、数据计算分析和科研合作提供服务。

📖 知识链接

志愿计算　志愿计算是通过互联网让全球的普通公众志愿提供个人计算机的空闲时间，参与科学计算或数据分析的一种计算方式。该方式为解决基础科学运算规模较大、计算资源需求较多的难题提供了一种行之有效的解决途径。

目前，志愿计算已成为一种较为成熟的技术，运行在主流的志愿计算平台BOINC（伯克利开放式网络计算平台）上的世界各地的志愿计算项目已超过100个，数百万的志愿者参与其中。在中国，志愿计算的发展还处于起步阶段。

北京谱仪的计算平台由合作组的多个计算中心组成，其中高能所计算中心采用专门的数据中心网络，使用以40G以太网交换机为中心的星形结构，连接计算环境中的服务器与计算节点。用户通过专用登录节点访问计算和存储资源，提交计算任务。为了保证整个系统的安全运行，数据中心网络设置隔离区，用于放置登录节点，只对外部开放特定的访问端口，其他设备均位于数据中心的内部网络。整个计算平台受到高能所统一的安全框架与策略的保护。

北京谱仪数据存储系统包括大型智能磁带库、磁盘阵列、存储服务器等硬件设备，以及并行文件系统等海量存储管理软件。该存储系统非常易于扩展，可以根据未来的需求实现无缝升级。

为给北京谱仪等科学计算提供更多的计算资源，高能所计算中心建立了我国首个志愿计算平台CAS@home，利用这个平台，普通公众可以极方便地将个人计算机上空闲的计算和存储资源贡献给科学计算。目前，CAS@home平台支持生物、材料、高能物理等科学计算程序，每月可从志愿者处汇集获得大约一百万个CPU小时的免费计算资源，并且无缝地整合到北京谱仪计算平台，成为北京谱仪计算资源的重要来源。CAS@home不仅为北京谱仪提供了大量免费的计算资源，并且作为一个科普平台，促进了公众了解科学、参与科学的积极性。

北京谱仪计算平台是依据科学计算的需求特性并采用当前先进技术建设起来的。计算平台多年来为北京谱仪的科学计算提供服务，为物理成果的产出做出了重要贡献。目前该计算平台正在结合云计算、网格计算技术实现虚拟化和智能化，成为达到世界领先水平的科学计算平台，支持更多的科学计算。

北京谱仪是一个科学实验的平台，除了以上提到的各个系统，还有铍束流管的制作，各种高压、环境温度测量系统、水冷却系统等。由于受篇幅所限，无法在此一一介绍，感兴趣的读者可上网查阅相关资料。

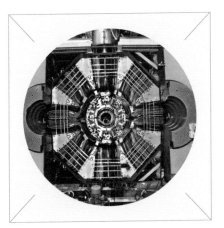

第六章

τ-粲能区
高能物理
研究

北京谱仪的主要研究对象是夸克、轻子家族中的两个成员：τ轻子和粲夸克。τ-粲能区被认为是精确检验"标准模型"理论、寻找新物理的重要场所，也是国际高能物理实验研究竞争的热点之一。20世纪90年代以来，在北京谱仪上先后获得了多项有显示度的重大研究成果，奠定了我国在国际高能物理领域的重要地位。

北京谱议在国际高能物理领域获得了多项重大研究成果。

① 科学目标的选定

北京谱仪的科学目标是在什么样的背景下选定的呢？20世纪70年代，J/ψ粒子的发现让实验物理学家和理论物理学家都大感惊异，因为它的寿命比一般的粒子长5000倍，这就表明它一定是全新的一类粒子，有新的内部结构。当时的理论已无法解释实验结果，而需要假定存在一种新的夸克——粲夸克，也就是第四种夸克，其质量应为1.5GeV，J/ψ粒子应由粲夸克与反粲夸克构成。J/ψ粒子的发现是一个重大突破，它完全改变了科学家的思路和工作状态，成为粲物理研究的起源。1975年，在同一能区中，又发现了一种与电子和μ子这两种轻子性质相类似的新粒子——τ轻子，理论上推断应该存在与其对应的第五种和第六种夸克。这两大发现使人们对物质内部深层结构的了解又前进了一大步，对后来粒子物理标准模型的建立起到了重要作用，τ–粲能区成为国际粒子物理新的研究方向而蓬勃发展。

正因为τ–粲能区有许多重要的谜底等待揭晓，世界上有多个高能量的正负电子对撞机将研究目标瞄准于此。北京谱仪将自己的科学目标定在质心能量较低的2—5GeV的τ轻子和粲物理研究。这个"物理窗口"让中国科学家有机会对国际高能物理界关注的一些重要物理问题给出确切的答案或者提供重要的实验证据，从而进入国际高能物理的研究前沿。

20多年来，北京谱仪国际合作组取得的一系列原创性重要成果，引起了国际高能物理界的普遍重视和广泛关注，这些成果以其国际显示度、影响度大大提升了中国在该研究领域的地位。

> ### 📖 知识链接
>
> **北京谱仪与国际合作组** 北京谱仪的发展经历了三个阶段，北京谱仪Ⅲ的技术指标达到了国际先进水平，可在短时间内获取高统计量、高质量的实验数据，使在τ-粲能区对标准模型作更高精度的检验成为可能，对开展粒子物理研究具有极为重要的意义。
>
> 20多年来，以中国科学院高能物理研究所为主体，来自国内外几十所大学和研究机构的科学家组成了北京谱仪国际合作组，在τ-粲物理研究的各个领域，如轻强子谱学、粲夸克偶素谱、粲介子衰变性质、量子色动力学和τ轻子物理、稀有衰变、胶子球和其他新物理寻找等方面开展探索。如今的北京谱仪Ⅲ国际合作组由中国、美国、日本等13个国家58所大学及科研机构的400多位成员组成。

② 验证轻子普适性大显身手

粒子物理的"标准模型"按照基本粒子的特性将已发现以及当时还没被发现，但预言可能存在的基本粒子进行了排列，其中，将不参与强相互作用而只参与弱力、电磁力和引力作用的粒子列为"轻子"。该模型建立以后成功地描述了许多实验现象，在马丁·佩尔（M. Perl）发现τ轻子之后，科学家们的研究兴趣大增。这是因为在标准模型中，τ轻子是三代轻子中最重的粒子，将τ轻子与其他轻子的性质加以比较，可以从它们的"轻子普适性"来检验标准模型是否正确。

"轻子普适性"是标准模型中一个重要的基本原则。即每类轻子及其所对应中微子之间的相互作用，也就是电子与电子中微子（ν_e）之间、μ子与μ子中微子（ν_μ）之间、τ子与τ子中微子（ν_τ）之间的相互作用，在除去它们质量不同的影响因素之后是相等的。由于在很长一段时间内，实验数据指向这种普适性被破坏，以致科学家对此产生了很大怀疑——甚至"倾向于不成立"。

特别重要的是，这个基本的"轻子普适性"如果不成立，标准模型也无法成立，那么，科学家几十年来对基本粒子的构成所逐渐形成的共识就会完全被颠覆。正因为这个原因，τ轻子质量及其寿命的精确测量成为一个具有重要科学意义的实验。

从1978年到1982年，国际上有多个实验组对τ轻子质量及其寿命进行了测量。《粒子物理手册（PDG）》根据这些实验组的τ轻子质量和寿命测量结果给出了世界平均值，可这两个平均值与标准模型理论计算值的偏差较大，也就是说，要么是质量或寿命测量有问题，甚至两者都有问题，要么就是"轻子普适性"有问题。

📖 知识链接

• **粒子物理手册（PDG）** 国际上权威的粒子物理学国际合作组（Particle Data Group，PDG）负责收集、编制、分析、整理与粒子性质以及基本相互作用相关的已公布的结果。该合作组也发表对理论研究结果的评论，并包括相关的宇宙学等领域。PDG出版有《粒子物理评论》（*Review of Particle Physics*）以及《粒子物理手册》（*Particle Physics Booklet*）。《粒子物理手册（PDG）》每两年出版一次，每年在网上更新一次。PDG还出版一种袖珍本，包括重要国际会议日期的日程表以及大型高能物理机构的信息。

北京谱仪国际合作组致力于选择最适合自己特点且能实现超越与突破的研究项目。在调研了国际上τ物理研究的状况后，科学家注意到：有重要意义的τ轻子质量测量数据已经十年无人更新了。虽然，十年前国际上这些实验组使用的加速器能量均比北京正负电子对撞机高，但这也就意味着他们所获取的用于进行τ轻子质量测量的数据来自较高的能量点，而高能量点却属于测量τ轻子质量的"非敏感区"，且这些实验组的实验是在远离"敏感区"之处以大间隔取点的尺度进行的，因而结果误差较大。

北京正负电子对撞机的工作能区恰好处于测量τ轻子质量的"敏感区"，亮度在世界上此能区运行的加速器中最高，这个优势是国际上其他任何实验组都没有的，在北京谱仪上进行τ轻子质量测量研究应该是最佳的选择。

图6-1　2014年《粒子物理手册》

进行τ轻子质量测量，首先要求对撞机在高亮度下长时间保持稳定运行，为谱仪获取高质量数据打下基础。由于τ轻子的寿命只有约3×10^{-13}秒，想象一下这是个多么短暂的时间！科学家要想办法将τ轻子在这一瞬间衰变的产物测量、记录下来，才能精确地得到它的质量，从而证明τ轻子的产生与存在。再有，在τ轻子质量的"敏感区"产生事例的机会并不算多，相对而言噪声本底却很大。用什么办法才能将有用的数据从噪声中鉴别出来？这也是使人颇费脑筋的问题。研究人员进行了理论上的各种论证、实验上的各种探讨，最后确定了研究方案。

在做了充分的准备之后，1991年11月至1992年1月，北京谱仪进行了τ轻子质量测量的数据获取工作。北京正负电子对撞机不负众望，能量的稳定性好、调节精度高，保证了北京谱仪取数需要的所有条件。而北京谱仪也充分展现出粒子鉴别能力强、粒子动量测量精确、长时间工作稳定可靠的优良性能。尤其具有创新意义的是在取数过程中使用了"阈扫描逼近测量法"等一系列有效的方法，使北京谱仪国际合作组巧妙地获得了精度超过国际上所有实验的τ轻子质量测量值。

北京谱仪国际合作组最终所获的τ轻子质量数值"1776.9 ± 0.4 ± 0.2MeV"与1990年版的《粒子物理手册（PDG）》给出的世界平均值相比，纠正了约7.2MeV的偏离，精度提高了近10倍。经过修正7.2MeV偏离的τ轻子质量使得

图6-2　北京谱仪

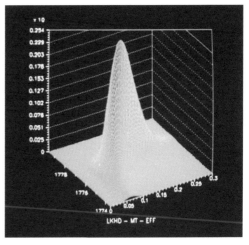

图6-3　北京谱仪国际合作组的τ轻子质量三维拟合图

轻子普适性得以成立，说明原来的偏差主要是质量而不是寿命造成的。这就回答了轻子普适性是否成立这个重大问题，轻子普适性从原来的"倾向于不成立"，变为"毫无疑义地成立"，解开了困惑国际高能物理界多年的难题。

北京谱仪国际合作组的这个测量结果被国际高能物理界公认为20世纪90年代初最重要的粒子物理实验结果之一，其使用的先进实验方法也得到认可和推广。这可以说是在北京谱仪上取得的第一项重要成果。

这项成果入选中国新闻界和学术界评定的1992年世界十大科技新闻、中国十大科技新闻和中国十大科技成就，并获得1995年度国家自然科学奖二等奖。

③ R值测量被誉为"北京革命"

标准模型是描述轻子和夸克的性质、运动及其相互作用规律的一种基本理论，其中所涉及的一些基本参数并不能从理论计算得到，而只能从实验中获得。通过实验来确定这些基本参数，进而对标准模型的预言作精确检验是粒子物理实验的重要内容。这里要说的是其中一个十分重要的基本参数：R值。

R值测量的实质就是测量正负电子对撞后正负电子湮没产生强子的概率。湮没是指正电子与负电子在对撞后消失了，可这并不意味着物质的消灭，只意味着物质从一种形态转化为另一种形态，正负电子对撞后转化为其他粒子了。

强子实际上是一种受到强相互作用影响的亚原子粒子。强子包括重子和介子，重子一般由三个夸克组成，标记为qqq；而介子由一个夸克和一个反夸克组成，标记为$q\bar{q}$。

当前，高能物理实验的主要领域有高能量前沿领域和高精度前沿领域。其中，高能量前沿领域包括寻找希格斯粒子和其他新粒子，探索超出标准模型的新物理现象；高精度前沿研究精确检验标准模型和测量其基本参数。在上述两方面研究中，涉及强相互作用贡献的计算都需要将 R 值作为基本输入量，可见 R 值的精确度具有极为重要的意义。

世界上有多个实验组对 R 值做过测量。如果从总的趋势来看，国际上各实验组给出的 R 值基本支持了标准模型中的相关假设。实际上，对 R 值的测量是分为三个能区进行的。

20 世纪 80 年代，10GeV 以上的高能区，美国、德国、日本和欧洲的相关实验给出的 R 值测量的不确定性为 2%—7%；5—10GeV 的中能区，国际上数个实验组给出的 R 值测量的不确定性为 5%—10%。而在 2—5GeV 的低能区，国际上有 6 个实验组进行过 R 值测量，只有法国奥赛（Orsay）核物理研究所的实验组、意大利核物理研究院弗拉斯卡蒂（Frascati）国家实验室的实验组，以及美国 SLAC 实验组正式发表了实验

图 6-4　重子（qqq）与介子（q q̄）示意图

图 6-5　中外科学家在北京谱仪前

结果，可它们的误差达15%—20%。

事实上低能区R值测量的较大误差给理论计算带来了较大的不确定性，成为对精确检验标准模型的严重障碍。解决这个问题是极为迫切及重要的粒子物理实验目标之一，国际上只有北京正负电子对撞机、北京谱仪在2—5GeV这个能区运行，符合低能区R值测量的要求。

在北京谱仪上进行R值测量需做许多前期的准备。例如，要研究强子产生的各种形态特征分布，研究在什么条件下才能获得测量R值所需的高质量数据，怎样在这种条件下提高谱仪的探测效率等。经过精心设计实验方案，1998年，科学家在北京谱仪上进行了R值扫描测量的首轮实验，研究了与R值测量有关的各种因素，如强子事例挑选、本底扣除、亮度测量、辐射修正和效率计算，以及与加速器的协调等技术问题。首轮实验在6个能量点上每点获取了1000—2000个强子事例。在对这些数据初步分析的基础上，1999年2月至6月，进行了2—5GeV能区的精细R值扫描测量，并重点在3.77—4.50GeV区域进行了仔细测量，获取了85个能量点的数据。

为保证北京谱仪获取数据的质量，北京正负电子对撞机发挥了运行以来的最高水平，能在如此宽的能量范围内长时间保持长的束流寿命和高亮度的稳定运行，达到了国际领先水平。在数据分析中，北京谱仪国际合作组发展和应用了多项创新方法和独特的理论模型，大大降低了测量的系统误差，平均测量精度的误差降低到6.6%，比国际上原有的实验数据精度提高了2至3倍。

图6-6 北京谱仪的电子学间

这一重要成果极大地改善了该能区的R值测量精度。2000年7月，在日本大阪举行的第30届国际高能物理大会上，北京谱仪国际合作组首次报告R值测量的初步结果，引起了很大轰动，被视为近年高能物理研究的重大成果之一。

2002年的《粒子物理手册（PDG）》将多年不变的R值做了重大改动，增加了北京谱仪国际合作组的全部结果。物理学家根据北京谱仪国际合作组的R值数据重新进行计算，调整了原先标准模型对希格斯粒子质量中心值及其上限的预测，这对于当时寻找诡秘的希格斯粒子实验有很重要的指导意义和影响。这一成果的取得再次显示了北京正负电子对撞机、北京谱仪在国际高能物理界占有重要的地位。此项成果获得2004年度国家自然科学奖二等奖。

2014年，完成重大改造后的北京谱仪经过4个能量点的试运行之后，成功地在104个能量点进行了细致扫描，有望将实验误差进一步减小到3%左右。

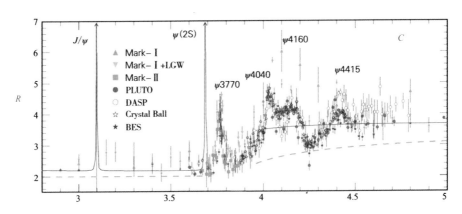

图6-7　《粒子物理手册（PDG）》2002年列出的国际上各个实验组给出的R测量值

◇ 其中★BES为北京谱仪国际合作组。

④ 新共振态激起巨大反响

20世纪60年代建立的普通夸克模型中所描述的强子（即参加强相互作用的粒子）均由2个或3个夸克组成，并已在实验中陆续得到确定。但科学家预言并一直期待有超出3个夸克的多夸克态新型粒子存在，科学家寻找了几十年，始终没有找到多夸克态存在的确凿证据。

北京谱仪1999年初所获取的有关数据已经构成了当时国际上2—5GeV能区的最大数据样本，其中5800万的J/ψ事例数比世界上其他实验组高一个数量级以上，这可是得天独厚的好条件。通过对这批J/ψ事例长期的数据分析，北京谱仪国际合作组于2003年发现了一个质量约为质子质量两倍的新共振态。

新发现的共振态质量约为1859MeV，宽度小于30MeV。根据它具有的此前从未见过的特殊性质，科学家推测它有可能是一种多夸克态。在此之前，国际上的类似实验，如欧洲核子研究中心的LEAR实验组以及日本的Belle实验组均未观测到这个共振态。

📖 知识链接

共振态 共振态指寿命极短的粒子（约为10^{-20}—10^{-24}秒）。因这种不稳定粒子没有确定的质量，其不确定的程度被称为"宽度"，这个"宽度"与粒子的寿命成反比，"宽度"越大，寿命越短。当粒子寿命短于10^{-10}—10^{-12}秒时，很难在探测器中留下径迹而直接被探测到，只能通过其衰变产物来观测。

第一个共振态是费米与安德森1953年在美国芝加哥大学同步回旋加速器上做实验时，在质心系总能量为1236MeV附近发现的。

随着探测技术的发展，科学家在各类实验中陆续发现了几十个、几百个共振态。为避免不必要的混淆，粒子物理学中把粒子分为两类：稳定粒子和共振态。共振态和稳定粒子的区分在于衰变的相互作用机制不同，并不简单地只看寿命长短。

一石激起千层浪，北京谱仪国际合作组的该项成果在2003年7月《物理评论快报》（*Physical Review Letters*）上发表后，立即引起国际高能物理界的广泛关注和强烈反响。多夸克态粒子的寻找和研究随即成为新的热点前沿领域之一，吸引了国外其他一些实验组开始了相关的研究工作，多个国家的理论物理学家也着手针对该项研究成果进行直接或相关的各种猜测、研究和计算。

北京谱仪国际合作组的这个新发现虽然很可能是一个多夸克组成的新共振态，但要真正最终明确其基本性质和物理意义，还需中外实验物理学家与理论物理学家密切配合，进一步做大量深入细致的数据分析工作，也可能需要更大量的数据才能最终回答这些问题。

国际上τ–粲能区的实验研究竞争一直相当激烈，谁都想最先找到多于3个夸克组成的多夸克态粒子。美国斯坦福直线加速器中心的BaBar实验组和日本高能加速器研究机构的Belle实验组，相继在3—5GeV能区发现新的共振结构，如X(3872)粒子、Y(4260)粒子等。特别是美国BaBar实验组发现的Y(4260)粒子，发现者是毕业于中国科技大学的叶树伟、娄辛丑（命名为Y是因为发现者姓氏拼音首字母为Y，且事例显示呈Y状）。科学家根据这些粒子具有的特殊性质推测它有可能是四个夸克的合成体，但

由于数据量不够以及理论上的局限，还没有确凿的证据表明它们就是多夸克态粒子。

2004年，北京谱仪国际合作组在J/ψ的相关研究中陆续又发现一些奇特的结构，理论分析认为"极有可能"显示了由多个夸克组成的新型粒子的特性，这些结果与2003年发现的共振态一样，具有重要的意义。

2005年，多夸克态粒子的"倩影"又露出了"芳踪"。北京谱仪国际合作组在数据分析中发现了一个质量值约为1835MeV的新粒子，该粒子的质量略低于两倍的质子质量值，寿命仅约为10^{-23}秒。这个粒子被命名为X(1835)（X表示其基本结构仍未确定）。

2006年1月，北京谱仪国际合作组正式宣布了此项发现，在国际上引起了极大的兴趣和广泛的争论，科学家们对它的基本结构进行了各种猜测。发现X(1835)粒子的重要意义不仅在于实验上又观测到一个新的粒子，还因为它有可能是高能物理实验中寻找了几十年的、普通夸克模型以外的新型粒子。2006年的《粒子物

图6-9 北京谱仪进入对撞点

理手册（PDG）》首次收录了X(1835)粒子。2013年，"北京谱仪实验发现新粒子"获得国家自然科学奖二等奖。

最终确定对X(1835)粒子基本结构的理论解释，仍需大量的数据，进行更深入的实验和理论研究。其中的研究关键之一就是要从不同的实验角度检验X(1835)粒子与两年前发现的那个可能的新共振态究竟是不是同一个粒子。北京谱仪2009年完成重大改造后已成为国际上τ-粲能区亮度最高的实验装置，获取物理事例的能力比原先提高了100倍，所拥有的J/ψ事例已达到13亿，是美国斯坦福直线加速器中心MARKIII实验组数据的200倍，这为今后深入的研究提供了更充分的数据条件。

⑤ 引起轰动的四夸克态粒子

2009年以后，北京正负电子对撞机在2—4.6GeV能区稳定运行的能力更强了，正负电子的最高对撞亮度提高了数十倍。这两个条件对于北京谱仪获取高质量、高数量的数据可十分关键。

2012年12月至2013年1月，北京谱仪在国际热门的Y(4260)区域获取的数据量已达到此前美国康奈尔大学CLEO-c谱仪所获取数据的40倍，且数据质量很高，保证了实验测量的准确可靠。

正是利用这批数据样本，北京谱仪国际合作组对Y(4260)衰变进行了新的研究。2013年3月23日，首次发现了一个神秘的新共振态结构，其质量约为3900MeV，比一个氦原子核略重，寿命约为10^{-23}秒，被命名为Z_c(3900)（此次命名为Z是因该粒子带电，与上述不带电的X粒子、Y粒子有所区别）。同年3月30日，这个共振态在日本Belle实验得到确认，4月10日在美国CLEOc实验得到确认。

2013年3月26日，北京谱仪国际合作组正式宣布了这项成果，最有价值的是Z_c(3900)共振结构所具有的特殊性质，提示了该粒子至少含有四个夸克，极有可能是科学家长期寻找的介子分子态或四夸克态。

图6-10　进行重大改造后的北京谱仪的μ子探测器安装成功

　　这项发现得到了国际物理学界的高度评价。2013年6月,《自然》(Nature) 杂志发表了《夸克"四重奏"开启物质世界新视野》一文,文中强调"找到一个四夸克构成的粒子将意味着宇宙中存在奇特态物质"。《物理评论快报》(Physical Review Letters) 发表文章《新粒子暗示存在四夸克物质》,指出"如果四夸克解释得到确认,粒子家族中就要加入新的成员,人们对夸克物质的研究就需要扩展到新的领域"。这项发现入选美国物理学会评选出的2013年国际物理领域11项重要成果,并且位列榜首。

　　尽管对这种被称作 Z_c(3900)粒子的性质还有如"类似分子的结构"等其他解释,但四夸克粒子真实存在的可能性非常大。美国匹兹堡大学著名物理学家斯旺森 (E. Swanson) 形象地比喻:发现四夸克态就好像发现了一匹八腿马。他认为:"没有任何规律说不允许八腿马的存在,但我们从来没有见到过。如果发现了一匹

图6-11　北京谱仪探测器的信号引出

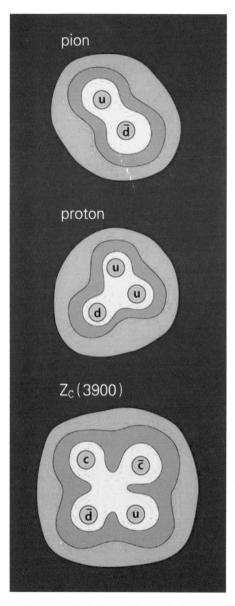

图6-12　传统的夸克模型认为介子由一个夸克与一个反夸克组成，重子由三个夸克或三个反夸克组成，而 $Z_c(3900)$ 至少含有四个夸克

八条腿的马，那你肯定会觉得特别有趣，就想找个理论来解释它。"他说："如果 $Z_c(3900)$ 粒子是个类似于分子的结构，它也是一种新的物质形式，这就好比是发现了一只鸭嘴兽，虽然比不上发现八条腿的马来得奇特，可也很罕见。"

北京谱仪国际合作组在宣布发现 $Z_c(3900)$ 之后迅速调整了数据采集的计划，很快将相关的数据量扩大到之前的4倍，从而拥有了世界上研究 $Z_c(3900)$ 及相关粒子性质的最大数据样本。在进一步的数据分析中又发现了与 $Z_c(3900)$ 性质类似、质量略高的两个新的共振结构，分别将其命名为 $Z_c(4020)$、$Z_c(4025)$，这两者的质量差别很小，但衰变寿命存在一定差异，目前的实验数据尚不能确切断定两者是否为同一个粒子，后续的研究正在进行中。

正是依据北京谱仪国际合作组获得的这些重要实验结果，科学家认为奇特态物质也许确实存在，粒子家族可能即

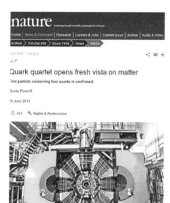

图6-13 《自然》杂志内文

图6-14 《物理》杂志内文

《自然》杂志发表的文章；美国物理学会评选的2013年国际物理领域重要进展之首。

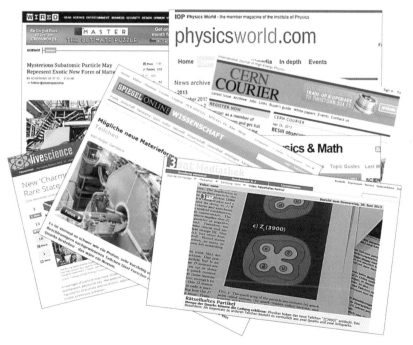

图6-15 国际物理学界对北京谱仪国际合作组发现Z$_c$(3900)粒子做出高度评价

图6-16　四夸克态（上）与分子态（下）示意图

将加入新的成员了。Z_c（3900）与此前国际上发现的 X（3872）、Y（4260）等粒子之间可能存在实质性的关联，应放在统一的框架内进行理论研究，以进一步揭示这些奇特态粒子的性质。我国科学家正在这一舞台上做出新的贡献。

自20世纪90年代初以来，作为世界上唯一工作在τ–粲物理能区的大型实验装置，北京谱仪已经成为国际上开展τ–粲物理研究的重要基地。北京谱仪国际合作组在τ–粲领域的各个方面进行了研究，已获取了世界上最大样本的 J/ψ、ψ′、ψ（3770）和中心质量大于4GeV的数据，至2015年9月已在国际顶尖学术杂志上发表了105篇论文。

美国粒子物理杂志《对称》（*Symmetry*）于2009年5月1日发表专题文章《到中国去追逐粲粒子》（*Chasing Charm in China*），文中称："美国科学家正成群结队地赶往北京正负电子对撞机。北京正负电子对撞机重大改造的成功，使之成为国际上研究粲夸克及其家族最主要的场所。"

图6-17　北京谱仪Ⅲ国际合作组成员

第四代同步辐射光源——高能同步辐射光源的外观设计图。

第七章

北京同步
辐射光源

　　同步辐射光源是世界上数量最多的大型科学装置。北京同步辐射光源衍生于北京正负电子对撞机，属于第一代光源，动工建设时，全球同步辐射光源已发展到第二代，建成投入运行时，许多第三代光源即将竣工。北京正负电子对撞机"一机两用"的方针是正确的选择吗？北京同步辐射光源有没有大展身手之地？它将在中国同步辐射发展史中留下怎样的印记呢？

① 发现同步辐射的前前后后

19世纪、20世纪之交是人类科学文明史上一个非凡的时期，其中一个重大的事件就是伦琴发现X射线。X射线对科学进步和人类社会产生了巨大的影响。

发现X射线50年后，又一个重大事件出现了，那就是同步辐射的发现。

最先观察到同步辐射的是美国纽约州通用电器公司实验室的物理学家和工程师们。当时，被称作同步加速器的新型加速器原理刚刚提出，实验室按照新原理赶制了一台能量为70MeV的电子加速器，以验证其可行性。幸运的是，为了观察真空室里电极的位置，真空室被设计成透明状，这意外地促成了一个重大的发现。

1947年4月16日，在调试加速器时，一名技工偶然从放置于屏蔽墙外的一面镜子中看见加速器里有强烈的"弧光"。加速器真空度很好，应该不是气体放电。镜子里看

图7-1　物理学家伦琴

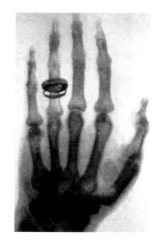

图7-2　伦琴拍下的世界上第一张X光片

到的是小而亮的蓝白色光斑，迎着电流的方向才能观察到。光的颜色随电子能量的变化而变化。当电子能量降到40MeV时，光变为黄色；降到30MeV时，光变为红色，而且很弱；低到20MeV时，就什么也看不见了。

> ▣ **知识链接**
>
> ● **同步加速器** 一种利用高频电场加速带电粒子的环形加速器。加速器中磁场强度随被加速粒子能量的增加而增加，保持粒子环形运动频率与高频加速电场同步。
>
> ● **同步辐射** 同步辐射是速度接近光速的带电粒子在磁场中沿弧形轨道运动时放出的电磁辐射，由于最初是在同步加速器上被观察到的，又被称为"同步辐射"或"同步加速器辐射"。

这正是此前理论预言的高速运动的电子在磁场里的辐射。因为它是在同步加速器上首先被发现的，故得"同步辐射"之名。

图7-3 第一次观察到的同步辐射

由于同步辐射会带来电子束流的能量损失，加速器专家为此颇为苦恼。经过十多年的研究和探索，1961年，美国国家标准局建成世界上第一台同步辐射光源——同步辐射真空紫外射线装置（SURF），开启了人类利用同步辐射的时代。在SURF上开展的惰性气体的系列工作对当时原子物理研究产生了很大影响。

图7-4 SURF建成初期（SURF直径仅2米左右，使用玻璃真空室）

图7-5 SURF开展第一个同步辐射原子物理实验（右下角为测得的氦吸收谱）

继SURF之后，一些小型同步辐射光源开始出现。1968年，以电子储存环作为光源的Tantalus Ⅰ在美国威斯康星大学建成。储存环本为高能物理研究而生，为的是用正负电子对撞代替传统的束流打静止靶，以提高产生新粒子的效率。而同步辐射专家却注意到，此技术可以大大提高束流的强度和稳定性，也极利于提高同步辐射光源的性能。这对同步辐射的发展，又是一个标志性事

图7-6 Tantalus I 加速器储存环直径约为3米（图片来源：University of Wisconsin–Madison）

件，因为此后的同步辐射光源都采用了储存环结构，这也是高能加速器前沿研究的新产品。Tantalus I 很快建成了多条光束线，吸引了世界各地的研究者来开展研究。

图7-7 20世纪70年代初的 Tantalus I 拥有7条光束线（图片来源：University of Wisconsin–Madison）

至此，同步辐射的价值才真正被认识。但是，Tantalus I 的规模实在太小，不是一个现代意义上向广大用户开放的大科学装置，人们在评述同步辐射发展历史时，并没有将其作为同步辐射代际发展的开端。也许，可以把发现同步辐射至今的 20 多年看作同步辐射利用的探索期或同步辐射光源发展的孕育期。

② 同步辐射光源的飞跃发展

第一代同步辐射光源始于 1973 年，亮度较 X 射线管时期提高 4 至 5 个量级。始于 1981 年的第二代光源和始于 90 年代中期的第三代光源各自都把亮度提高了 3 至 4 个量级。20 多年时间，亮度提高了 12 个数量级，也就是 10^{12} 倍，称之为飞跃发展绝不为过。

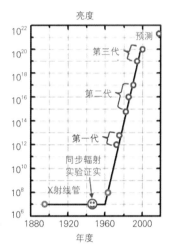

图 7-8 同步辐射亮度的提高

📖 知识链接

• **亮度** 同步辐射的亮度和对撞机的亮度是两个含义截然不同的物理量。同步辐射亮度是同步辐射光源最重要的性能指标。相关的还有通量和强度两个物理量。我们把发光体在单位时间里发出的光子数称作通量，单位立体角里的通量称作强度，单位发光面积在单位立体角发出的通量则称作亮度。通量相同时，发光体的面积越小，发散角越小，亮度就越高。这意味着可以把更多的光子聚焦在更小的样品上。这正是高精尖的同步辐射实验所需要的。

第一代同步辐射光源：

1973年，美国斯坦福直线加速器中心的高能物理加速器SPEAR的储存环开始同步辐射应用，随之有多台高能物理加速器作为同步辐射兼用光源向用户开放。这些能量为GeV量级的加速器，能提供宽广能区的光子，并且有能力供大量用户使用，成为现代意义上的向广大用户开放的同步辐射光源。后来，人们把这些衍生于高能物理研究加速器上的兼用光源称作第一代同步辐射光源。北京正负电子对撞机上北京同步辐射光源就是第一代光源。

第二代同步辐射光源：

尽管兼用光源产生的同步辐射的性能及其利用都受到很大限制，却对科技界产生了不小的影响，因此，建设同步辐射专用光源的呼声日盛。与此同时，用户在利用同步辐射的过程中认识到，同步辐射的亮度经常比通量和强度更重要，对专用光源的性

图7-9 位于美国布鲁克海文国家实验室的国家同步辐射光源（NSLS）外观
（图片来源：Courtesy Brookhaven National Laboratory）

图7-10　德国同步辐射光源BEESY Ⅱ实验大厅一角（图片来源：HZB/K.Bilo）

能提出了新的要求。

　　1976年，出现了一个重要的技术进步，发展出一种获得低发射度的储存环设计。由于这种设计，1981年前后，一批发射度较前大大降低、亮度大大提高的专用同步辐射光源建成，同步辐射光源的发展进入第二代。

　　📖 知识链接

　　发射度　发射度是描述储存环中电子束品质的主要参数，单位为纳米·弧度（nm·rad）。它描述电子束中大量电子的横向弥散程度和运动角度的不一致性。在流强和能量确定后，电子束的发射度是决定光源亮度的主要参数。

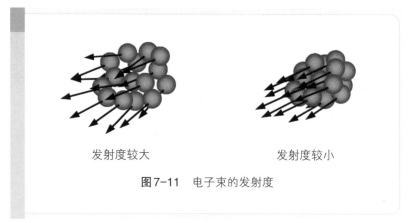

发射度较大   发射度较小

图7-11　电子束的发射度

　　在第二代光源发展过程中，插入件技术也逐步发展起来。第一个扭摆器和第一个波荡器相继于1979年、1981年安装在斯坦福同步辐射光源（SSRL）上。其后，插入件在第二代光源中得到广泛应用，在提高光源亮度上崭露头角。

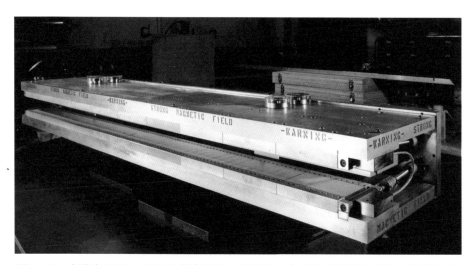

图7-12　安装在SSRL-SPEAR储存环上的世界第一台实际应用的波荡器（图片来源：SLAC）

📖 **知识链接**

插入件 除了使电子做环形运动发生偏转的区段外，储存环还可以设置许多直线节，那些用以安装产生周期性磁场的磁铁称为插入件。电子经过插入件时，往复地周期性偏转，发出电磁辐射。插入件分为扭摆器和波荡器两种。适当设计的插入件，特别是波荡器，可使辐射光在需要的能区里的亮度大大提高。

第三代同步辐射光源：

随着同步辐射应用水平的提高，用户对亮度提出了更高的要求。20世纪90年代中期，一批以更低的发射度、更长的直线节和性能更优异的插入件为特征的第三代光源涌现，包括常被称为世界同步辐射旗舰的三大高能光源：欧洲6GeV同步辐射光源（ESRF）、美国7GeV先进光子源（APS）、日本8GeV超级环（SPring-8）。第三代光源的建设高潮一直持续至今，反映了同步辐射光源在现代科学发展中的重要地位。第三代光源建成之后，性能仍持续不断地提升。主要的手段是发展性能更为先进的插入件，主要是波荡器，包括真空内波荡器、低温波荡器、超导波荡器等。我国于2009年建成的上海同步辐射装置（简称

图7-13 欧洲6GeV同步辐射光源（图片来源：D.MOREL/ESRF）

图7-14 美国7GeV先进光子源（图片来源：Argonne National Laboratory）

图7-15 日本8GeV超级环（图片来源：RIKEN）

图7-16 上海光源（图片来源：中国科学院上海应用物理研究所）

上海光源，SSRF）就是第三代光源。

　　发展至今，同步辐射光源已经成为数量最多的大科学装置，遍布世界各地，表7-1列出国际上有代表性的第三代光源的参数。

表7-1 世界部分第三代光源参数表

	所在地	建成年份	能量(GeV)	流强(毫安)	周长(米)	发射度(纳米·弧度)	直线节(数量×米)	实验站	插入件实验站
ESRF	欧洲	1994	6	200	844	4	24×6	48	31
APS	美国	1995	7	100	1104	3.1	35×5	70	35
SPring-8	日本	1997	8	100	1436	3.4	44×6.6,4×30	57	38
Diamond	英国	2005	3	350	561	2.5	6×9.4,18×5.9	26*	23
SSRF	中国	2009	3.5	300	432	3.9	4×12,16×6.5	20*	9
NSLS-Ⅱ	美国	2014	3	500	792	1	15×6.6,12×9.3	7*	7

　　* 表示尚在扩充建设中

③ 锐利的解剖刀

同步辐射好比锐利的解剖刀，它能精细地解剖物质结构的各个层次。这把锐利的"解剖刀"是如何炼就的？到底有多锋利？这还得从同步辐射光源的工作原理说起。

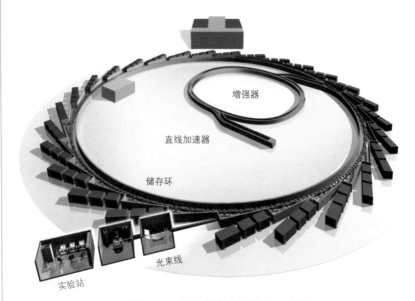

图7-17 同步辐射光源构成示意图

同步辐射光源的构成主要包括加速器、光束线和实验站三大部分，其中加速器又包括直线加速器、增强器和储存环。加速器是同步辐射光的"生产厂"，实验站是"客户"，光束线则是"物流"。

储存环中使电子束偏转的磁体被称作发光部件。辐射光的特性则取决于储存环中电子束的参数和品质以及发光部件的结构。

电子束的主要参数包括能量和流强，主要品质包括发射度和束团长度。发射度是决定光源亮度的最重要的电子束品质。

储存环中使电子偏转的二极铁是最简单的发光部件。图7-18和图7-19分别表示其辐射的空间分布和光谱亮度。二极铁的辐射

光是一个宽广的连续谱，从峰值往低能端缓慢下降，往高能端则
下降很快。谱亮度峰值和其对应的光子能量都与电子能量的平方
成正比，因此高能量的同步辐射光源可以获得高亮度的高能量光
子。此外，谱亮度峰值与流强成正比，对应的光子能量还与磁场
强度成正比。

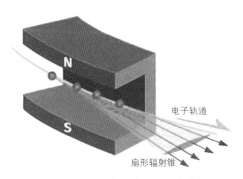

图7-18　二极铁发出的同步辐射光

　　电子束团经过二极铁的每一瞬间，沿轨
道切线方向一个小锥角发出辐射光。经过二
极铁的全过程中，发出的辐射光扫过一个
扇形。

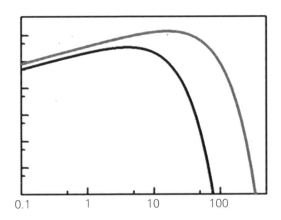

图7-19　二极铁的同步辐射谱亮度

　　红色和黑色分别表示6GeV和3GeV电子
能量。

📖 **知识链接**

谱亮度 对于非单色光，我们用谱亮度来描述不同能量的光子的亮度。通常指该能量的千分之一带宽中的亮度，例如在光子能量为1keV处的谱亮度，指的是单位时间里，单位发光面积在单位立体角里发出的能量为999.5eV到1000.5eV的光子的数目。

插入件是另一类发光部件。扭摆器的磁场较强，电子往复运动幅度大，其辐射的谱型跟弯铁相同；若以N表示其周期数，谱亮度则为2N次偏转的简单叠加。使用扭摆器可以增强辐射，另一个目的则是通过提高磁场强度，提高辐射光子能量。

第三代光源更多使用波荡器。其磁场较弱，电子经过时，往复偏转幅度和角度都很小，每个周期中发出的辐射发生干涉，形成由基波和各级高次谐波组成的准单色谱，而且主要集中在一个很小的锥角里。对于无限小发射度的电子束，波荡器辐射亮度与周期数的平方成正比。波荡器的磁周期较短，几米长的直线节，周期数往往达到100个甚至更多，因此亮度极高。对于有限发射度的电子束，辐射光的亮度则受到一定影响。

图7-20 波荡器的磁铁结构、电子运动轨迹和辐射空间分布

　　像图7-21这样的光谱，对于许多需要进行光子能量连续扫描的谱学实验来说是一个问题，但可以通过调节波荡器磁场强度，即能量扫描来解决。图7-22表示由此得到的由不同谐波包络组成的连续谱。

　　了解加速器产生辐射光的原理之后，我们容易理解它的锐利之处。大家都知道，可见光和X射线都是电磁波，使用它们探察世界，其波长应与被探察对象的尺度相当。例如，用衍射方法测定晶格常数，射线波长就必须小于晶格常数但又不能过小。同步辐射光源具有宽广的光谱，从红外一直到几百个keV的硬X射线，大到昆虫、细胞，小到氢原子，因此有非常广泛的应用，此为同步辐射锐利之一。

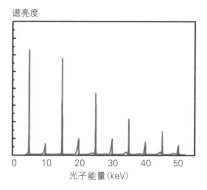

图7-21　固定磁场强度下波荡器辐射谱亮度

　　🔹 从左到右的高峰分别为基波以及3、5、7、9次谐波，其他为较弱的偶次谐波。

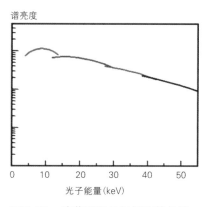

图7-22　波荡器能量扫描连续包络

　　🔹 红、蓝、绿、黑色分别是1、3、5、7次谐波的包络。

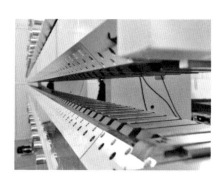

图7-23　安装调试中的波荡器磁铁结构实物照片

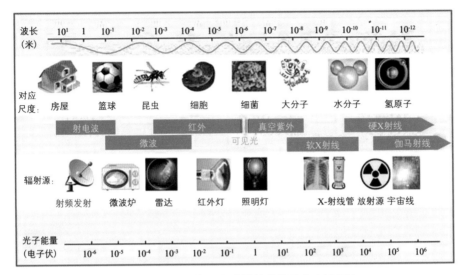

图7-24 同步辐射的广谱特性使其具有广泛用途

我们已经知道同步辐射光源产生高亮度辐射的原理，理解它为什么会比常规X射线源高出那么多。用同步辐射来解剖物质结构，当然比常规X射线源要锋利得多，此为其锐利之二。

现在我们来谈论其第三个重要特性——时间结构。电子在储存环中为分离的束团，经过发光部件时，产生具有脉冲时间结构的辐射。第三代光源的辐射脉冲宽度在30皮秒量级（取决于前面提到的电子束的另一个品质——束团长度），束团间距可灵活掌

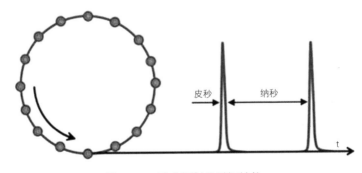

图7-25 同步辐射的时间结构

控，通常在100纳秒量级。这样的时间结构，加上高亮度特性，使得同步辐射在开展各种时间分辨实验方面具有很强的能力。这把锐利的"解剖刀"可以在高速解剖中观察样品的快速变化。

同步辐射除了以上三个最为重要的优异特性外，它还有偏振结构、高洁净性、可计算等优点。

至此，我们已经对同步辐射的优异性能有了深刻的印象。那么这把锐利的"解剖刀"又是如何磨得更加锋利的呢？那就要靠光束线和实验站。

光束线的功能是对加速器产生的辐射进行变换处理，将其传输到实验站使用。实验站对光的要求多种多样，几乎都需从宽谱辐射里选择出适当带宽的指定能量，并把光束聚焦到一定尺度。目前，高能量分辨单色器可以达到1MeV带宽，这意味着用10keV光子去探物质结构，能量分辨能力可以达到千万分之一。用精巧的聚焦元件，已经可以得到几个纳米的光斑。可见通过光束线后"解剖刀"已磨得多么锋利！

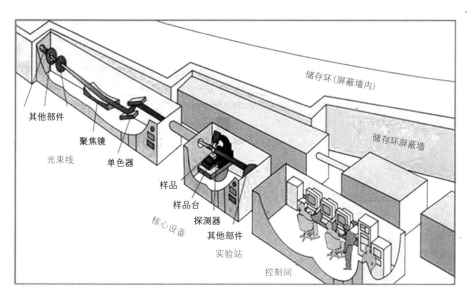

图7-26　光束线和实验站示意图

锋利的"解剖刀"能否有效发挥作用还要在实验站见分晓。目前同步辐射实验站的各种仪器已经非常高端化，样品方位调整分辨能力已经可以达到纳弧度和纳米量级，探测器的各项性能指标优异，实验仪器系统高度自动化。同步辐射实验的需求，已经成为许多高精尖实验仪器发展的引擎。许多情况下，同步辐射实验室开发的仪器已成为高端仪器企业的技术来源。

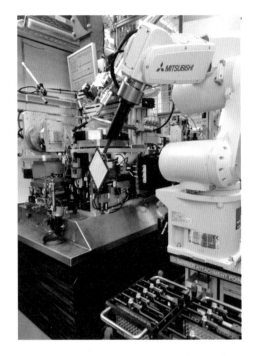

图7-27 英国Diamond光源的大分子实验站的机器人装样系统（图片来源：Harwell Science & Innovation Campus）

④ 一个不寻常的决定

北京同步辐射光源于20世纪90年代初建成时只有5条光束线，7个实验站。25年后，北京同步辐射光源已经建有14条光束线和15个实验站，能区覆盖了从真空紫外到20keV的硬X射线。其中8条光束线从5个插入件引出。15个实验站拥有吸收谱、荧光谱、圆二色谱、光电子能谱、衍射、高压衍射、小角散射、漫散射、成像、计量、微纳加工等多种实验技术。它不仅为凝聚态物理、化学化工、生命科学、地球科学、环境科学、医学、计量学和光学等学科的基础研究和应用基础研究提供强有力的实验手

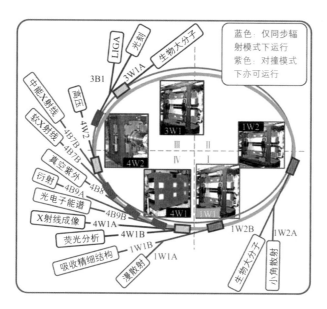

图7-28 北京同步辐射光源的插入件、光束线和实验站

段，也为一些国家重大需求的实验课题提供重要的技术支持。

科学家在提出北京正负电子对撞机方案时，就考虑到"一机两用"，使我国的高能物理研究与同步辐射应用能同时起步。当时百业待兴，经济力量有限。国家决定建设耗资较少的800MeV合肥同步辐射光源。它是一个第二代光源，但受能区限制，无力提供用途广泛的硬X射线。在这种情况下，一个能提供宽广光谱的2.5GeV的同步辐射光源，哪怕是兼用的，也能使同步辐射在众多科学领域的应用开始起步，无疑是当时条件下一个极好的选择。

虽然不乏犹豫和争论，但对撞机"一机两用"的方针从未动摇过，这才有建成后的持续发展。2003年底启动的北京正负电子对撞机重大改造工程，以大幅度提高高能物理实验的对撞亮度为主要目标，要在原有狭窄的储存环隧道里建造双储存环，技术复杂，工程量大，工期紧。在这种条件下，高能所的决策者们做出了三项决定：一是改造工程尽力追求同时提高北京同步辐射光源的性能；二是工程设计保持同步辐射原有引出端口基本不变；三

图7-29　北京同步辐射光源的Ⅳ区实验大厅一角

是在工程实施期间，尽可能穿插安排同步辐射运行。这些决定都完满地实现了。

今天，北京同步辐射光源的用户遍布全国，每年为130个左右的单位安排完成600多个实验，取得了大量重要成果。

尽管中国现在有了第三代光源——上海光源，但北京同步辐射光源已在中国同步辐射发展历史中留下永不磨灭的印记。

⑤　SARS那个年代

2003春天，"非典型肺炎"（SARS）肆虐全球，亚洲地区的疫情尤其严重。

当时，世界生命科学和医学科学界紧急动员，很快发现了致病元凶——冠状病毒（SARS-CoV），并完成了其全基因组测序。研发出有效疫苗的关键之一是破解病毒的分子结构，特别是其中一种被称为主蛋白酶的蛋白质SARS-CoV M^{pro}，它在病毒的复制过程中起着非常重要的作用，因此成为抗SARS病毒药物的重要靶点。

值得骄傲的是，我国生物学家饶子和的团队在世界上率先破解了SARS-CoV M^{pro}结构，对筛选合适的抗SARS病毒药物有重要意义，这些工作受到世界高度关注。是什么助力我国生物学家独占鳌头？

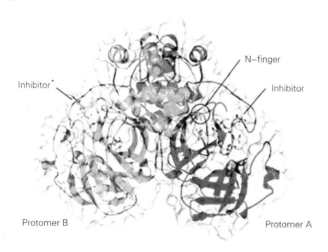

图7-30 SARS-CoV M^{pro}与一种抑制剂复合物的分子结构
［图片来源：PNAS，100（23），13190—13195，2003］

2003年，北京同步辐射光源的生物大分子实验站投入运行。以前，解析复杂生物大分子的结构，生物学家要频繁往返于生物学实验室和大分子晶体解析实验站。饶子和当时于中国科学院生物物理研究所工作，附近的北京同步辐射光源实验站解了他的燃眉之急，SARS病毒主蛋白酶的结构解析数据完全取自这个实验站。

蛋白质是生命体一切细胞的重要成分，是生命活动中各种功能的主要承担者，因此其结构与功能是生物学研究的重要内容。同步辐射光源诞生之后，它很快成为研究蛋白质结构与功能关系的最重要工具。进入21世纪以来，结构生物学研究成果共获得4项诺贝尔奖，其中的生物大分子结构都是在同步辐射光源上获得的。

图7-31 北京同步辐射光源生物大分子实验站的实验系统

　　我国的生物大分子晶体学研究起步于20世纪60年代中期，曾获得诸如测定猪胰岛素空间结构等重要成果，但随后相当长的时期里却大大落后于国际发展潮流，主要原因就是没有自己的同步辐射生物大分子解析手段。利用国外同步辐射光源开展研究存在种种问题，许多样品不能长时间保存，有的样品不能出入境，比如病毒样品。这使我国的很多研究工作丧失了机会。

　　从决定对撞机"一机两用"开始，北京同步辐射光源就得到生物学界的鼎力支持，他们最大的希望就是建设一个生物大分子实验站，但这需要一笔不小的投入。时间过去十几年，生物学家始终未能如愿。北京同步辐射光源的创始人冼鼎昌院士常愧疚地说，我们欠生物学家一个情。千呼万唤，第一个多极扭摆器及由其引出的光束线和生物大分子实验站终于建成，并于2003年向用户开放，马上就在解析SARS病毒主蛋白酶的工作中发挥了决定性的作用。

　　另一个故事发生在实验站投入使用的第二年，即2004年。这一年，我国生物学家常文瑞的团队通过长期努力获得了极难制备和结晶的一种膜蛋白——菠菜捕光膜蛋白的完美晶体样品，亟待解析其结构，新建实验站有了再显身手的机会。这种蛋白的分子结构极为复杂，需要多次收集大量晶体衍射数据反复分析迭代。生物学家在实验站获取了大量数据，结构得到初步解析，只是因为光源性能还不够好，最后精修的数据不得不去国外第三代光源获

图7-32　菠菜捕光膜蛋白的文章在《自然》杂志上发表

取。这是世界上被解析的第三种光合作用膜蛋白，意义重大。虽有遗憾，但作为第一代光源的北京同步辐射光源能做到这样，也值得骄傲。

在此之后，一系列重要工作在北京同步辐射光源生物大分子实验站完成，例如北京生命科学研究所柴继杰团队围绕生物免疫学问题开展的系列工作。他们获得了多种不同的病菌在侵染宿主过程中起关键作用的蛋白质结构，为进一步了解它们的致病机理和为人类构建预防机制提供了坚实的基础。

到2009年上海光源建成前的六年间，北京同步辐射光源大分子实验站共解析了110个结构。与第三代光源实验站相比，这实在少得可怜，但毕竟解了我国生物学家的燃眉之急，翻开了我国结构生物学发展历史中利用国内同步辐射光源解析大分子结构的新篇章。

⑥ **探查高压下的世界**

众所周知，石墨和金刚石均由碳原子组成，为什么一个那么软，一个却无比坚硬？那是因为它们的原子排列不同。在高压下石墨可以变成金刚石，而揭开这个神秘面纱的就是X射线衍射。利用X射线衍射技术，可以在高压条件下研究物质的结构相变、状态方程、强度、织构、弹性模量等。

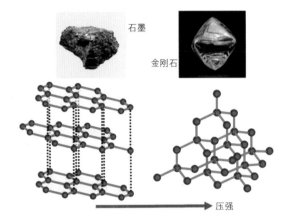

石墨

金刚石

压强

图7-33 高压下碳原子排列发生变化，石墨变成金刚石

知识链接

● **X射线衍射** X射线通过介质时，一部分因各种作用方向发生改变，这种现象叫作散射。若只发生方向改变，没有能量变化，则叫作弹性散射。对于原子有序排列的晶体材料，弹性散射会在一些特定的方向产生很强的干涉峰，其他方向散射强度则很弱，这就是X射线衍射。通过分析衍射峰位与角度的关系，可以确定原子的排列结构。

除了石墨变金刚石这类普通物质变成超硬材料的变化，在高压下，可以出现许多意想不到的物理化学现象，如绝缘体变成金

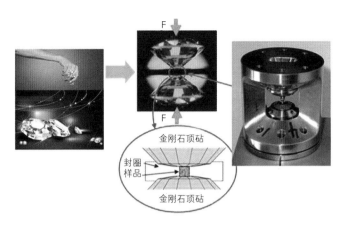

图7-34　金刚石对顶砧压腔

属甚至超导体，惰性元素结合成化合物，不相容的元素组成合金，晶态物质出现无序化等。高压下出现的新现象远不止这些，物质结构变化也不仅限于原子结构，科学问题非常丰富，涉及物理学、化学、材料科学、地学及生物学的许多重要的新研究方向。高压下的世界是一个科学的富矿，科学家们竞相探查。

那些璀璨的钻石，经过特殊的设计和加工，便可成为高压研究的利器。在两颗砧面比针尖还小的金刚石之间放入样品，沿轴向对顶地施加外力，可在样品上产生高达几百万大气压的压强。这种装置叫作金刚石对顶砧压腔。

在同步辐射出现之前，高压衍射利用常规的X光机做光源，对于金刚石对顶砧压腔中的微小样品来说，它的光强实在太弱。20世纪80年代，中国科学院物理研究所就有这么一套装置，用它获得一张高压衍射图像需要连续曝光十几个昼夜，且分辨率较差。

同步辐射的出现，给高压研究带来翻天覆地的变化。利用同步辐射光，获得一个百万大气压下的衍射图像，仅仅需要几分钟时间。高能量分辨的各种谱学技术、动态过程的时间分辨技术、高空间分辨成像技术的逐步引入，再加上与高、低温条件相结合，使得高压研究气象万千，世界上高压科学呈现蓬勃发展之势。而在我国，除了个别研究者能在国外申请到很少的机时，科技人员仍然只能用实验室光源艰难地进行实验。物理所的科技人员深知同步辐射对高压研究的重要性，北京同步辐射光源建成伊始，就致力于在这里开辟新战场。还是那台衍射仪，借用别的实验站开展实验，虽然收集数据的时间和数据质量大有改善，但结果仍差强人意。

为振兴我国高压科学，中国科学院2000年成立了高压科学中心，第一个重要部署就是在北京同步辐射光源建设一个高水平的高压实验站。2003年，实验站顺利建成，集成了多种先进的高压实验技术，如双面激光加温系统，成为世界上第三个具有该系统的高压实验站。

由于高压研究对光的要求特别高，高能物理研究所专门为其研制了世界上唯一一台真空盒内多周期扭摆器。研制在兼用光源运行的真空盒内扭摆器比专用光源的真空盒内波荡器有更特殊的困难，但均被科研人员一一攻克。

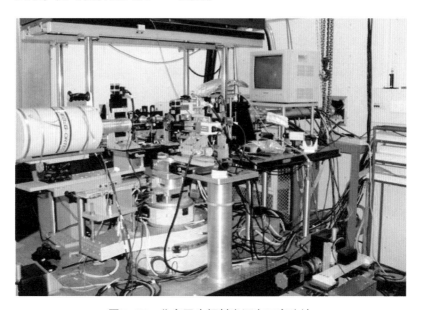

图7-35 北京同步辐射光源高压实验站

（a）磁结构装入真空室后　　　　　（b）已安装就位的真空盒内扭摆器

图7-36　为高压实验站研制的真空盒内扭摆器

　　北京同步辐射光源高压实验站的建成，很快对我国高压科学产生了巨大影响：一些新的研究方向得以开辟，研究队伍迅速壮大，科研成果数量迅速增加，水平也大有提高，如首次发现立方钙钛矿结构化合物等结构相变现象，开启了一道全新的钙钛矿结构高压行为研究的大门，对固体物理、化学、材料科学和地球科学将产生重要的影响。许多从北京同步辐射光源高压实验站步入高压科学研究殿堂的年轻人，后来都成为活跃在同步辐射高压科学研究中的骨干。

⑦　瓮安古化石和同步辐射

　　1998年发现于贵州的瓮安动物化石群，是目前已知地球上最古老（5.8亿年）的多细胞动物化石群。《科学》杂志评论说，来自中国的化石"将有可能向我们展现动物历史黎明时期的全景"。古生物学家陈均远教授对瓮安动物化石群开展了多年卓有成效的研究。古化石研究的基础是基于成像的形态学解析，但古生物学家熟悉的几种传统成像方法都各有缺陷。当时古生物学界的科学家大多不了解同步辐射，更不知道同步辐射成像方法的能力。冼

图7-37 化石［图片来源：Science，Vol. 312，1644（2006）］

◇ 同一个三分体胚胎化石的SEM（a）和同步辐射微CT像（b¹）。把微CT像剖开（b²）并放大极叶与CD细胞间的通道部分（b³）如箭头所指。

鼎昌院士建议陈均远教授用同步辐射来进行瓮安动物化石群研究。

北京同步辐射光源成像研究团队利用同步辐射相位衬度微CT方法，协助陈均远教授对大量珍贵化石进行了系统的形态学研究。通过大量适应性方法学研究和探索性实验后，碍于装置的性能，最终的成像数据不得不到欧洲同步辐射光源去获取。依赖北京同步辐射光源成像研究团队发展的图像重建和信息提取分析方法，从这些高质量数据获得了一系列重要结果。图7-37是一个三分体胚胎化石的成像结果，为研究前寒武纪两侧对称动物演化史提供了新的依据，暗示两侧对称动物在瓮安动物群时期已开始初步分化。这个分化期是古生物进化史研究中长期未决的问题。

> 📖 **知识链接**
>
> • **同步辐射相位衬度微CT方法** X射线通过介质时除强度衰减，相位也会发生改变。利用强度变化可形成吸收衬度像。相位改变会产生折射，可以利用各种方法探测这种折射，形成所谓相位衬度像。相比吸收衬度像，相位衬度像对低吸收率物体有更好的衬度和分辨。

　　肝脏是人体内最大的器官，具有多项重要生理功能。几乎所有肝脏疾病都会引起肝纤维化，它是导致肝硬化和肝癌的主要原因。医学专家需要无损高分辨成像手段研究肝纤维化的程度和治疗效果。这也可以通过同步辐射光源来实现。

　　图7-38展示的是相衬成像方法对大鼠的正常肝叶，纤维化6

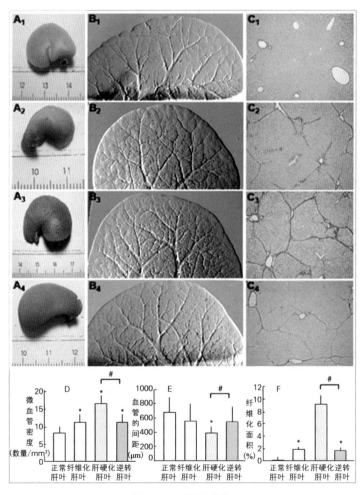

图7-38　肝脏成像

　　　　大鼠的正常肝叶，肝纤维化6周、10周后肝叶和肝纤维化逆转治疗30周后肝叶的相位衬度微结构成像。

周、10周后肝叶和肝纤维化逆转治疗30周后肝叶（图 A_1—A_4）的微结构成像（图 B_1—B_4）。从图像可以清楚地观察到正常肝脏的4级微血管系统（B_1），纤维化造模6周之后微血管开始变得密集（B_2），造模10周之后更加密集（B_3），进行逆转治疗30周之后，微血管的数量又明显减少（B_4）。通过对图像的定量分析，得到四个样品的血管密度（D）、血管间距（E）和纤维化区域的比例（F）等信息。此项研究为肝纤维化造模方法和药物疗效评价等提供了重要信息。

⑧ 蜈蚣草的奥秘

土壤是孕育万物的摇篮。但我国大量耕地被污染，重金属污染占相当高的比例，开发有效的重金属污染土壤修复技术刻不容缓。植物修复是一种操作简单的低成本绿色修复技术。这种技术通过种植对重金属具有超富集能力的植物，利用其根系将重金属吸收并转运至地上从而将其从土壤中去除。2001年，环境生物学家陈同斌发现了世界上第一种砷超富集植物蜈蚣草，建立了世界上首个砷污

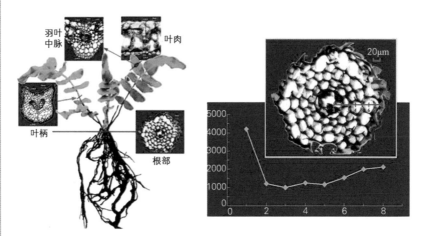

图7-39　蜈蚣草各部位砷的微区分布

○ 左图标明测试的不同部位。作为一例，右图给出根部砷的微区分布。

染土壤的植物修复基地，证实了将蜈蚣草用于实地修复的可能性。

蜈蚣草为什么具有砷超富集能力？吸毒和解毒的秘诀是什么？由于植物中的生理过程十分复杂，传统方法难以揭示这些奥秘。在一次环境科学领域的研讨会上，正在苦苦寻觅有效研究手段的陈同斌遇见了北京同步辐射光源的科技人员。通过一番交流，环境生物学家和物理学家的协作之手从此紧紧握在了一起。

研究蜈蚣草的砷富集机理，首先要了解砷在蜈蚣草内的分布。这好办，北京同步辐射光源有微束荧光分析技术。但是实验样品不能做预处理，那会破坏植物体内元素的化学形态。双方通力合作，一种用于活体植物样品的微束荧光分析技术很快被开发出来，砷的分布问题很快搞清楚了。在根部、叶柄和主叶脉中，砷集中分布在中心的维管束，表明根部、叶柄都主要承担转运砷的任务，而叶肉是砷的主要储存部位。

📖 知识链接

X射线微束荧光分析　X射线通过介质时部分被吸收，吸收的能量使原子内壳层电子成为自由电子或激发到能量较低的外壳层，在原来壳层则留下一个空位。被激发的原子通过两种途径释放增加的能量重新回到基态。其中一种是来自较外层的电子填充空穴，并发射一个光子来释放能量。发射的光子称为X射线荧光，其能量为两个电子壳层间的能量差。通过分析荧光的峰位和强度，可以辨认元素种类、含量等，这就是X射线荧光分析。用聚焦微束扫描样品，同时进行荧光分析，能够获得样品中元素的高分辨空间分布信息，此即为X射线微束荧光分析。

接着研究者需要搞清楚砷在不同部位的形态，以及蜈蚣草对砷的形态转化过程。X射线吸收精细结构分析方法是研究这一问题的有力武器，陈同斌团队和北京同步辐射光源的科技人员一起又开发了适用于活体植物样品的分析技术。

> 📖 **知识链接**
>
> ● **X射线吸收边和吸收精细结构分析**　X射线被介质吸收的吸收系数随X射线光子能量变化而变化。当光子能量等于原子某个内壳层电子的电离能时吸收系数会突跃增大，称为吸收边。每种元素的原子都有其独特的吸收边系，以此可用作元素分析。吸收边的位置与元素价态有关，以此可以用作元素价态分析。
>
> 如果进行精细测量，会发现吸收边附近及其往高能方向的一个延伸区内，吸收系数呈现不同程度的振荡现象，称为X射线吸收边的精细结构。它是由吸收原子的周邻原子对出射电子的作用引起的，以此可以得到近邻原子的种类、数量和位置，是研究材料结构的强有力手段。

实验结果表明，将蜈蚣草根部置于含高价态As（Ⅴ）的营养液中，从根部往上，As（Ⅴ）比例逐渐减少，As（Ⅲ）比例逐渐增加。它揭示了蜈蚣草对砷的富集机制：蜈蚣草在根部将高价态的As（Ⅴ）还原成低价态的As（Ⅲ），并以离子态As（Ⅲ）的形式迅速向地上部转运。这是超富集植物区别于非超富集植物的一个重要特征。非超富集植物通常将根部的As（Ⅲ）与氢硫基（-SH）结合，形成难以往地上部分运输的As（Ⅲ）-SH配合物。图7-40总结了蜈蚣草中砷的吸收、转化和输运过程。陈同斌团队在弄清

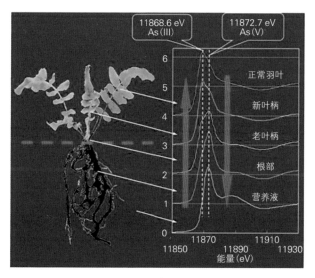

图7-40 蜈蚣草砷价态分布

○ 蜈蚣草中根部往上不同部位砷的化学价态分布（3价和5价砷的吸收边峰位相差4eV）。

富集机制后，进一步结合传统方法和同步辐射分析方法，揭示了蜈蚣草对砷的解毒机制。

此项富有成效的系统性研究拓展了同步辐射在环境化学和植物化学领域的应用，引领近百家环境科学和植物学领域的单位利用同步辐射开展研究工作，后来在2009年建成的上海光源上也开展了相关实验。这是北京同步辐射光源在我国同步辐射事业发展早期，推广同步辐射应用的又一个生动事例。

⑨ 一个世界顶级光源即将诞生在中国

至此，开篇的三问有了肯定的答案。北京正负电子对撞机"一机两用"的方针是一个多么睿智的选择！在那个年代，北京同步辐射光源大展身手，解了中国科学家的燃眉之急，为处于困境的研究领域翻开了发展的新篇章，在许多处女地里播下了同步辐射应用的种子。

一个朝气蓬勃、高速发展，正在奋力从科技大国迈向科技强国的大国，仅有一台第三代光源难以满足发展的需要。新光源应该是个什么模样？经过长期思考与论证，这个问题的答案终于清晰。

首先，它应该是一个高能量光源。高能量光源有"同步辐射航母"的美名，这来自于其极强的"战斗力"。这体现在其可用光子能量远远高于中等能量光源（3GeV左右），大大扩展了应用领域，例如对重元素的研究，需要在穿透容器的极端条件下研究，真实材料在真实工作条件下的原位研究，对尺寸较大的结构材料和工程材料的研究。而这些研究，许多都事关国家安全和工业核心技术发展。新光源的能量初步确定为6GeV。

然后是新光源的性能。同步辐射光源的发展已历经三代，是不是到了尽头？这其实是一个具有普遍意义的问题。人类社会发展的需求总是不断牵引大科学装置发展，新一代或新型装置不断

图7-41 高能同步辐射光源外观的示意图

涌现，发展之路，永无穷尽。

同步辐射光源诞生以来四十年的表现，使人们自然地对其寄予厚望。全球相关科学界一致认为，发展变革性的大型先进光源迫在眉睫。除了自由电子激光，极小发射度的储存环光源也是一个重要的发展方向。其最主要的标志是发射度降低到0.01纳米·弧度量级，加上更先进的插入件技术，亮度较现有的第三代光源提高2到3个量级。这又是一大步，科学界普遍将其称为衍射极限储存环光源（简称衍射极限光源）。

衍射极限光源很快被确定为高能光源的建设目标。由于多种原因，迄今为止，全球范围内真正新建这样一个光源的计划只有中国，其他都是在原有装置基础上改造建设，性能受到种种限制。中国有可能在世界上率先建成衍射极限光源。这是我国同步辐射光源走到世界前列的难得机遇。

建设衍射极限高能光源的各项准备工作正在积极进行之中。一个世界顶级光源即将诞生在中国！

第八章

高能物理
与我们的
生活

　　科学上很多重大的突破，最初往往源于人类对自然界规律求知、认识的愿望。科学史的发展已经证明，重大的科学突破必将大大推动人类文明进步。高能物理研究也不例外，其先进的实验手段与激动人心的研究发现，已经对人类文明产生了重大影响。

正电子与电子湮没产生可被探测到的光子。

① 今天的科学，明天的技术

高能物理主要研究比原子核更深层次的物质结构与性质，以及在很高的能量下这些物质相互转化的现象和规律。在很多人眼里，这是一门"象牙塔"学科。一代又一代的科学家建造越来越复杂、越来越庞大的粒子加速器去探索物质之谜，看似仅为满足人类无限的好奇心，与普通大众的衣食住行用等日常生活毫无关系，但事实绝非如此。

尽管测算基础研究领域的投资效益非常困难，但是没有人会否认基础研究给人类社会进步带来的巨大动力和利益。美国科学基金会曾请经济学家对美国最近25年的经济增长进行研究，调查基础科学在其中起什么作用。最后经济学家得出结论，过去25年来，美国经济增长的50%要归功于以基础研究为动力的研究和开发。回顾现代社会发展史，电子的发现使人类快速进入微电子时代，产生了电子计算机技术，促进了通信技术的发展和信息时代的开启。原子核结构的破解，使人类社会进入核能时代。而目前基础物理学最热门的研究对象之一中微子，随着其性质不断被认识，科学家也正在积极探索其在天文、地质方面的应用。基础研究的成果往往具有超前性，它一般不直接创造经济效益，但它是科学之本、技术之源，对日后高新技术产业的形成，对社会经济发展与进步都将产生深刻影响。

在研究之初，高能物理研究深刻的内在价值往往并不明确，但每一个突破都会深刻影响人类认识和改造世界的能力，最后经过技术转化变为人类的巨大财富。就像100多年前居里夫人发现放射性元素镭时，并不知道她开创的原子核物理研究的成果会用来制造核武器、发电和治疗疾病。高能物理研究依托大型加速器和探测器等大科学装置，建造这些高精度、高可靠性实验装置需要使用大量新技术，如超导、自动控制、高频、微波、精密机械、高速电子学、微弱信号探测和海量数据存储传输等。高能物理的发展催生了这些新技术、新方法的产生与应用，并给人类社会、经济、政治、文化、生活等方面带来广泛的影响和利益。比如，科学家为共享高能物理实验数据所研发的万维网已深刻改变了我们的生活；高能加速器技术已广泛应用于医药、食品灭菌和检测，甚至化学和生物学等领域；为高能物理实验打造的探测器已在医学、辐射探测和安全检查等领域大显身手。更为重要的是，高能物理的实验装置还衍生出多种大型交叉研究平台，如同步辐射装置、散裂中子源、自由电子激光等。这些平台为生命科学、资源环境、纳米科学、凝聚态物理、化学化工等诸多领域提供了先进的研究手段，大大推动了这些领域的发展。如今，世界各发达国家都意识到大科学装置在国家创新能力建设中的重要地位，许多国家，特别是发达国家在已经建设众多大科学装置的基础

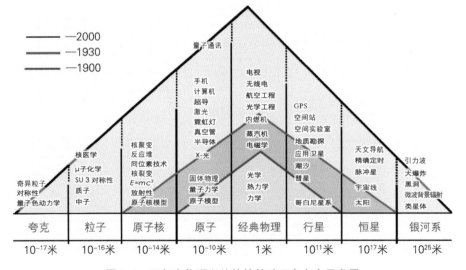

图8-1　百年来物理学从纯粹基础研究向应用发展

上，又在制定新的大科学装置发展规划，从而为保持国家长远竞争力提供源泉。

即便是在科学发达的今天，人类所认识的物质世界仅占宇宙整体构成的约4%，宇宙还有许多未解之谜需要人类去探索。这预示着新的科学革命正在孕育之中，随着新的自然科学规律被发现，以及探索过程中所激发出的强大创新精神，将来一定会有更多的高新技术转化为人类的财富，以应对人类目前所面临的种种严峻形势，如资源短缺、环境污染、疾病等。

② 科学重器，惠泽四方

北京正负电子对撞机的建造和对撞成功，为我国粒子物理和同步辐射应用开辟了广阔的前景，揭开了我国高能物理研究的新篇章，其功绩显赫、意义深远，对我国教育、科技、经济、工业等多个领域都带来了巨大的影响。

北京正负电子对撞机是引进高新技术的源泉。为了建造国际一流的高能加速器，北京正负电子对撞机的设计指标几乎都是当时技术的极限。中国从零起步，在国际高能物理界特别是美国科学家的帮助下，通过学术交流、技术合作、技术开发等形式引进了多项国际尖端技术，使北京正负电子对撞机达到了当时世界技术前沿，我国的相关科研与技术水平也一跃走到世界前沿。作为多国国际科技合作的典范，北京正负电子对撞机为今后国际合作建造大科学工程和共享科技资源提供了范例。

北京正负电子对撞机是我国许多高新技术产业的摇篮。20世纪80年代，我国工业基础还很薄弱，尤其是"高精尖"加工制造行业尚处于起步阶段。在北京正负电子对撞机建造及重大改造过程中，涉及高功率微波、高性能磁铁、高稳定电源、高精度机械、超高真空、束流测量、自动控制、高精度粒子探测、快电子学、数据在线获取和离线处理等高技术，其中有相当部分远超当时国内企业所具备的加工能力。当时参与北京正负电子对撞机技术攻关和建设的单位有百余家，在工程建设中，高能所先后向一百多家机械加工、电子电路制造企业提供了最新的科技信息和相关的技术资料，成为企业后续发展的无形资产。企业在工程建设需求的基础上，不断改进生产工艺和质量保证体系，在完成预期目标的基础上大大提高了自身的技术实力和产品质量，为企业实现跨越式发展提供了平台和条件。通过建造北京正负电子对撞机，我国掌握了几乎所有制造高能物理实验装置所需的关键部件和加工技术，如大功率速调管、等梯度加速管、高频加速系统、高精度磁铁及电源、主漂移室、簇射计数器、大容积超高真空系统、计算机控制系统等，这些均达到了国际同类装置的先进水平，有力地推动了我国真空技术、磁铁技术、微波技术、高频技术等的发展和高精密、高复杂度工业制造加工体系的建立，大大提升了我国相关工业领域的技术水平。

北京正负电子对撞机的建造，培养和提升了几代人的科学素养，在我国科技及工程技术人才培养方面也功勋卓著。奋斗在北京正负电子对撞机工程建设一线的近千名主力军，在攻克无数个加速器、探测器技术难关的同时成长为富有经验的大科学工程建设与管理人才。在北京正负电子对撞机建成后，他们中的一些骨干又参与其他大科学工程建设，在空间科学项目、上海光源、散裂中子源和硬X射线自由电子激光等国家未来重大科技基础设施的建设中发挥了重要的作用。

北京正负电子对撞机的成功建设以及一系列在国际上有显示度的重要研究成果，使其成为我国对外科技交流的重要窗口。同时，还成功开拓了相关高技术产品的国际市场，批量生产并输出美国、日本、意大利、韩国、巴西等国，为国际其他大科学工程的核心设备研制和整机建设任务做出了贡献，良好的设备性能也

图8-2 我国研制的安装在欧洲自由电子激光加速器上的低温恒温器（图中黄色部分）

为中国赢得了荣誉。

依托北京正负电子对撞机的北京同步辐射装置，取得了凝聚态物理、化学、生物、材料、环境等方面一系列的国际前沿研究成果，成功实现了"一机两用"。同时，多项前沿技术成果成功进行产业转化，包括加速器技术、高精度探测技术、超导技术和图形重建技术等关键技术研究及多种技术系统集成，促进了中国计算机、探测技术、医用加速器、辐照加速器和工业CT等产业的技术进步，产生了巨大的经济和社会效益。为发展粒子物理而建造的小型加速器可用于工业探伤、海关检查、食品灭菌、治疗癌症等。正电子发射断层扫描成像技术（PET）在医疗诊断上发挥了重要作用。加速器技术、探测器技术、高速电子学技术、低温超导技术等在农业、林业、采矿业、制造业、卫生、信息等国民经济领域都有广泛的应用。在这些领域，也活跃着众多大科学装置建设过程中培养出来的专业技术人才，他们在海量数据存储与管理、网络安全、核医学影像、无损检测、辐照加工等行业都有极大的影响力，并不断推动新技术的发展和行业进步，让高高在上的"高科技"变成技术成熟、使用简单方便、更"接地气"的产品。

下面我们通过几个事例来了解北京正负电子对撞机的相关技术成果是如何影响和改变我们的生活的。

③ 中国互联网的先行者

如今，互联网已成为我们生活中不可或缺的一部分，人们可以通过网络随时随地与世界各地的人进行通信、视频、信息查询等，网络使社会发展的速度达到惊人的地步。但是鲜有人知的是中国互联网的第一个接入点就在中科院高能所。

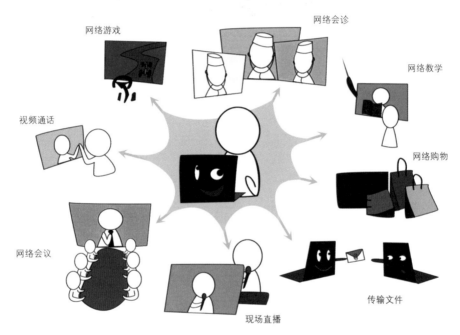

网络游戏

网络会诊

网络教学

视频通话

网络购物

网络会议

传输文件

现场直播

图8-3 互联网的应用

20世纪80年代，正是以大科学装置为基础的高能物理实验国际合作蓬勃发展的时期，也是北京正负电子对撞机和北京谱仪从建造、成功运行到正式采集物理实验数据的重要历史时期。随着实验规模的不断扩大，来自世界各国的科学家联合参加同一个实验，实验数据需要在多个数据中心进行分析处理。但是中国当时尚未有计算机，中国学者携带实验数据磁带回国要分三种方式运输：最重要的两盘随身携带，次重要的放在行李箱托运，其余的只能海运了。这种方式极大地制约了中国高能物理事业的发展。

为了实现中国高能物理实验数据的传输与共享，在欧洲核子研究中心的大力支持下，中科院高能所用较短时间在我国较早地完成了远程虚终端链接，1986年8月25日11时11分24秒，在北京信息控制研究所的一台IBM-PC计算机上，高能所科研人员向欧洲核子研究中心发出了中国第一封电子邮件。1988年7月，高能所完成了由所内到欧洲核子研究中心的X.25网的远程连接，首次在我国实现了X.25网的引入及其电子邮箱、远程登录和文件传输等的应用服务，支持了当时高能物理国际合作组的研究工作。后来由于X.25网络应用软件的许可证问题、应用范围以及线路稳定等问题一直未得到彻底解决，高能所申请使用我国的X.25网，1989年末我国的X.25网建成，网络名称为CNPAC(CHINAPAC)。高能所作为第一批用户进入CHINAPAC，支持当时国内各国际合作组与国外合作开展工作。

20世纪90年代初开始，高能所与美国斯坦福大学直线加速器中心(SLAC)的合作已进入共享北京谱仪物理实验数据的阶段，迫切需要高速、高质量的专线联通两地，以实现大量数据的远程传输。通过努力，1991年3月，高能所实现了网上主要主机或服务器直拨线路进入世界范围的DECnet网络，成为进入世界先进网络的国内计算机网络，可以使用世界性大型网络上的各种资源。当时不少驻华外国使馆、大公司和

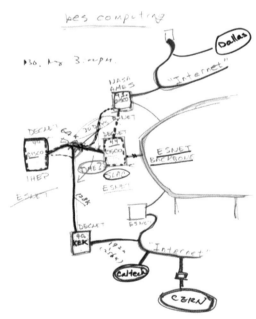

图8-4　1991年，中美两国科学家草拟的IHEP-SLAC联网设计图

国内著名高校教授、科研人员等也是通过电话拨号到高能所才能使用电子邮件。

完成远程直连后，共享的网络资源大大拓展，但线路速度已满足不了需求。当时，互联网在欧美国家已开始普及，联机数量超过100万台。互联网技术在通信、资料检索等方面的巨大潜力开始显现，中国科学家亟待融入世界信息化潮流之中。1991年10月，中美高能物理合作高层会谈正式提出，建立一条从北京高能所到SLAC的64K速率的计算机联网专线，在北京接通互联网。经过中美电信工程师的通力协作，1993年3月，高能所租用美国AT&T公司的国际卫星信道建立的接入美国SLAC国家实验室的64K专线正式开通，可与美国能源部科学网络（ESnet）联通，成为我国部分连入互联网的第一根专线。1994年2月，高能所计算机通过ESnet直接进入全球范围的互联网。随即，中国政府代表团与美国政府达成协议，允许中国大陆的网络连入互联网。1994年4月20日，这根64K的国际专线横跨太平洋，全功能接入国际互联网。

高能所网络与国际互联网络的连通，迈出了中国与世界各地数百万台电脑共享信息和软硬件的第一步，缩短了我国与世界先进技术的距离，直接支持了国内各项重要的国际合作。北京正负电子对撞机和北京谱仪的软件移植和实验数据都是通过这条专线进行传送的。

20世纪90年代，国际互联网最重要的一项应用是风靡全球的万维网（WWW）技术，即World Wide Web网站与网页技术。它是由欧洲核子研究中心推出的一个划时代的创举。为了共享实验数据和交换分析结果，欧洲核子研究中心的蒂姆·伯纳斯·李（Tim Berners-Lee）创建了万维网。这不仅成为高能物理学家们的基本交流手段，更带来了一次深刻的信息技术革命。而蒂姆·伯纳斯·李最伟大的贡献是他无偿将万维网开放给全世界使用，他的这个决定促进了互联网快速的全球化普及，他本人也被尊称为"互联网之父"。高能所科研人员在国内率先掌握了WWW网站与网页技术，并建立了国内最早的WWW服务器，建立了我国第一个WWW网站和第一套网页。中国科学院高能物理所网址是http://www.ihep.ac.cn/。

图8-5 发明万维网的蒂姆·伯纳斯·李

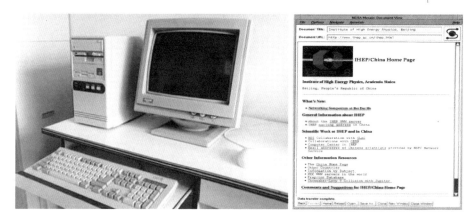

图8-6 中国第一台网站服务器及第一套网页

高能所网站建立后为我国对外宣传中国的科技、文化以及各行业的交流起到过重大的历史作用，许多重要的新闻消息，如1995年在北京举办世界妇女大会的报道及相关图文信息上网，均借助高能所的网站。中国互联网协会称之为中国最早的、有影响力的网站。随后高能所短期内在国内组织了数百场以上的WWW技术演示和推广，迅速掀起建网站的高潮，中国成为世界上网站建设最多、建设最快的国家。从此以后，互联网事业进入飞速发展阶段。北京正负电子对撞机和北京谱仪的建设者们，是中国互联网事业当之无愧的先行者。

④ 神奇而不神秘的超导技术

超导技术被认为是21世纪十大关键技术之一，在电工、交通、医疗、工业、国防和科学研究等高科技领域有重要应用价值和巨大发展前景。那么，目前发现的超导材料主要有哪些？距离大规模广泛应用还有多远？

超导现象的发现至今已有100多年了。这100多年里，科学家寻找到了一些实用的低温超导和高温超导材料，并用这些材料生产出各种设备。铌钛合金（NbTi）和铌三锡（Nb_3Sn）是目前应用最为广泛的两种低温超导材料，发现超导现象约50年后，人们才用这种超导材料研制出超导磁体。1986年，柏诺兹（Bednorz）和穆勒（Muller）发现了铜氧化物超导体，我国赵忠贤院士率领研究小组发现了温度达90开尔文的Y-Ba-Cu-O氧化物超导体，称之为高温超导材料，实现了科学史上的重大突破。2001年，科学家发现了硼化镁（MgB_2）超导体，2008年，超导家族又迎来了全新的铁基超导体。

就在本书编写期间，传来好消息，科学家近期又有新的发现，在超高压力条件下，硫化氢的超导温度到了204开尔文，这给人们极大的希望，室温超导体的发现不再遥远。

尽管发现的超导体种类繁多，实用化超导材料却难以一蹴而就，需要一代又一代科学工作者艰苦的努力，包括可能正在阅读本书的年轻学子，将来也有机会接下这根接力棒，加入超导研究的队伍。

高能物理是超导技术发展的主要推动力之一，在许多国家，超导磁体和超导高频腔技术都是通过大科学装置的建造发展起来的。目前，位于瑞士日内瓦的欧洲核子研究中心建有世界最大的质子对撞机，周长27千米，使用了几千台超导磁体。中科院高能所也已成功地把超导技术用在了北京正负电子对撞机这个大科学工程项目上，通过工程建设使我国超导应用技术跨越了一大步，并陆续地把超导磁体技术推广应用到人体核磁共振成像医疗、煤炭杂质清除、矿山选矿等几个民用领域，为我国相关产品摆脱国外技术垄断、促进产业提升做出了贡献。

一些患者到医院就诊时，可能需要做核磁的检查。这个核磁指的就是人体核磁共振成像，属于高端医疗成像设备，其中的关键部件就采用了超导磁体技术。煤炭在开采、运输过程中混有铁磁性的杂物，常常会引发输送机、发电锅炉等设备安全事故，需要采取除铁措施，而采用超导技术的超导除铁器在这里就派上了

图8-7 我国第一台工业用超导磁铁设备——低温超导除铁器

用场，它能将煤炭中细小的、质量较轻的铁磁性杂质剔除出来。我国第一台工业用大型超导磁体设备——低温超导除铁器，解决了精细除铁的难题，对我国大型用煤设备安全生产具有重要意义。

针对我国非金属矿石原料需求量大、矿石品位低的特点，高能所为矿山企业研制成功全球首台液氦零挥发低温超导磁选机，利用其内部巨大的磁场力，将高岭土、钾钠长石、高纯石英等非金属矿中的弱磁性杂质分离出来。超导磁选机内部的超导线圈电阻为零，不消耗能量，能在不退磁的状况下实现连续工作，使得其生产效率、节能效果大大优于普通的磁选机，已在多个矿山现场投入使用，产生着源源不断的经济效益和社会效益。

总之，超导技术作为21世纪的战略高技术，被世界各大国所重视，利用超导体没有电阻等奇特的物理性质制造的设备，除了用在高能物理及磁约束核聚变等大科学工程上，还可广泛应用于核磁共振、磁悬浮高速轨道交通、电力输送装备等领域。随着新的超导材料陆续被发现及实用化，超导技术将对人类社会产生深远的影响。

图8-8　全球首台5.5T液氦零挥发低温超导磁选机

⑤ 发现恶性肿瘤的"神探"

　　恶性肿瘤是导致人们死亡的主要原因之一。近几年我国恶性肿瘤普查结果显示，每分钟就有6个人被诊断患有恶性肿瘤，平均每5个恶性肿瘤患者中就有3个人死亡，死亡率非常高。为了减轻病人痛苦和提高治愈率，肿瘤的早期诊断和预防是极为重要的。绝大部分恶性肿瘤如果能被早期发现、早期诊断和早期治疗，是可以治愈的。

　　疾病在本质上是一个从基因失调开始，经表达异常、代谢异常、功能失调、结构改变直至产生临床表现的生化改变过程，如果能较早地捕获这些异常信息，甚至在出现临床体征或结构形态改变之前发现病变，就可为早期治疗赢得宝贵时间。于是，临床医生迫切希望"神探"早日出现，在极早期发现处于代谢异常状态的恶性肿瘤，使人类早期诊断恶性肿瘤的梦想得以实现。经过科学家的努力探索，20世纪60年代，国际上出现了第一代商品化PET扫描仪。

📖 知识链接

　　• **PET**　正电子发射计算机断层成像（Positron Emission Computed Tomography，简称PET），利用超短半衰期同位素，如 ^{18}F、^{13}N、^{15}O、^{11}C 等作为示踪剂注入人体，参与体内的生理生化代谢过程。利用它们发射的正电子与体内的电子结合释放出一对γ光子，被探测器的晶体所探测，经过计算机对原始数据重建处理，得到高分辨率、高清晰度的活体断层图像，以显示人体器官的功能及代谢情况。

为了促进我国在建造大科学装置过程中积累的探测器技术、电子学技术等在医学方面的应用，中科院高能所从1983年开始研制PET设备，是中国最早开展研究的单位，并于1986年研制成功我国第一台单环的人体PET样机；1990年6月，高能所与合作企业共同研制了我国第一台符合临床要求的PET设备，并于1992年10月交付北京中日友好医院临床使用。

乳腺癌是威胁女性健康的头号杀手，尤其是发展中国家，女性发病率逐年增加。乳腺癌在中国的五年存活率是73%，如果尽早发现、及时就医，是能取得更好治疗效果的。由于国内早期筛查乳腺癌的机制并不完善，很大比例的妇女到了疾病晚期才去求医，又因缺少适当的诊断和治疗设施，造成生存率比发达国家低。因此，早期诊断、早期治疗及选择合适的治疗方案对乳腺癌患者具有非常重要的意义。

高能所发挥在相关技术上的优势，组织团队积极开展了乳腺专用医学射线成像设备的研制，研制成功的国内首台乳腺专用PET扫描仪，目前已取得国家药监局批准，进入临床应用。设备采用符合女性特点的乳腺专用小环探测器的巧妙设计，图像空间分辨率达到1.38毫米，对乳腺癌小病灶的检测能力大幅提高，为乳腺癌高危人群早期肿瘤筛查诊断及可疑恶性肿瘤者的鉴别诊断提供了有效工具。

图8-9　我国第一台临床使用的PET设备

图8-10　乳腺PET及临床试验查出的恶性病灶

同时，为了协助生物医药领域在疾病发病机理与发展过程、新诊疗方法、新药创制等方面的研究工作，研究团队还研制了国内首台高分辨率动物PET扫描仪、动物PET/CT扫描仪、动物SPECT/CT扫描仪等，并建立了分子影像平台，对外开放服务。与人体PET相比，动物PET、SPECT扫描仪需要更高的空间分辨率和系统灵敏度，从而为临床应用提供有效数据。

📖 知识链接

SPECT 单光子发射计算机断层成像（Single Photon Emission Computed Tomography，SPECT），通过向生物体内引入放射性核素标记的药物，并在体外探测核素衰变产生的放射性分布与变化，来反映药物在体内的吸收、分布、代谢等生理过程。

随着我国医疗器械产业技术水平和制造能力的全面提升，国产化的肿瘤早期诊断成像设备将陆续进入我国市场，从而有效降低目前高昂的肿瘤早期筛查诊断成本，普惠百姓。

⑥ **助力食品安全的利器**

电子加速器产生的高能电子束照射可使一些物质产生物理、化学和生物学效应，并能有效杀灭病菌、病毒和害虫，利用该原理所研制的设备称为辐照加速器。据不完全统计，世界上正在运行的加速器超过3万台。加速器世界的"超级明星"是那些巨大的用于基础科学研究的加速器，除此之外绝大部分是各种类型的小型加速器。它们每天工作在医院、制造企业、港口、印刷厂甚至海上的轮船里，为世界各地提供安全新鲜的食物、药品、医疗用具等。对食品进行辐照可抑制食物发芽和延迟新鲜食物生理成熟的发展，也可对食品进行消毒、杀虫、防霉和杀菌等加工，延长食品保鲜（藏）期。

中科院高能所在辐照加速器研制及产业化应用方面也做出了长期的努力和贡献，比如研制了用于医疗用品辐照消毒、食品辐照保鲜、材料改性的高能大功率电子辐照加速器。

北京正负电子对撞机的电子直线加速器长202米，电子能量高达2500MeV，无论设备规模还是性能参数都远远超出了一般工业应用的需求。工业辐照电子直线加速器作为小型加速器，电子束流能量一般不超过10MeV，长度也在10米以内。但"麻雀虽小，五脏俱全"，工业辐照电子直线加速器的工作原理和基本结构与大型加速器相同。因此大科学装置建造过程中积累的许多设计、建造经验和先进技术可以应用于小型工业加速器的研制。

高能所凭借北京正负电子对撞机建造过程中在加速管设计和工艺方面积累的强大优势，2006年研制成功10MeV/15kW驻波加速器，并与合作企业成立了辐照技术联合研究开发基地。这也是国内首个高能

图8-11 辐照食品标识

辐照电子加速器的产业化基地。2009年，研究人员进一步研制成功了10MeV/20kW行波加速器，其平均功率均是同期国内同类型辐照加速器中最高的。目前已正常运行超过8000小时，满负荷为国内多家企业提供辐照加工服务。

由于食品辐照是一种物理加工工艺，对食品产生的有害物质比较少，所引起的食品营养成分变化远远小于食品在加热蒸煮或煎炒时引起的营养成分变化。目前，我国已制定了六大类辐照食品的卫生标准以及17个产品的辐照工艺标准，食品辐照加工必须按照规定的生产工艺进行，并按照辐照食品卫生标准实施检验。辐照食品包装上必须明确标示"经辐照"，散装的必须在清单中注明"已经电离辐照"。

图8-12　10MeV/20kW 电子直线辐照加速器

⑦ 用"透视眼"还原历史真相

南京博物院有一件"镇院之宝"——战国铜器"陈璋壶",壶高24厘米,口径12.8厘米,是战国时期的容酒器。该铜壶1982年出土,在铸造、错金银、镶嵌的综合技术方面,以及在欣赏与实用的设计方面,都达到登峰造极的境地,是中国青铜工艺的瑰宝,2001年被国家文物局评为国宝级文物。

2012年,南京博物院启动了"陈璋壶"研究课题,期望完成这件战国重器的铸造技术、装饰技术、度量衡技术、微雕技术等领域的研究。由于该铜壶是国家一级文物,不允许对铜壶表面进行打磨。如何在不损坏该文物的基础上看到它的内外结构和各部分之间的连接关系呢?

文物专家了解到高能所有一台6MeV加速器射线源高精度断层扫描设备(工业CT),可扫描最大质量2000千克的工件,可穿透最厚25厘米的铁块,可分辨小到1毫米的气孔和0.5毫米的钢丝,并且对物体没有任何损坏,是文物无损检测的理想工具。

于是,这件国宝在包装都未拆封的情况下在中科院高能所完成了所有扫描工作。扫描结果确认了"陈璋壶"的各部件为分开铸造,然后再进行装配,制作工艺复杂多样,充分体现了战国时期青铜制作技术

图8-13 6MeV加速器射线源工业CT

之高超，其高超的铸造工艺是研究我国战国时期青铜器铸造技术的标本。

测量所用的工业CT，就是利用建造北京正负电子对撞机过程中积累的加速器技术研制的大型无损检测设备。电子直线加速器产生高速电子轰击靶物质，电子突然减速引起轫致辐射产生数兆电子伏特的高能X射线。该射线能量高、穿透本领强，穿过被检工件时，由于工件材质密度不一，透射到探测器上的射线也不同。通过收集探测器上的信号并转化为图像，就能得到一薄层的断层扫描图像，重复上述过程又可获得一个新的断层图像。当测得足够多的二维断层图像，就可重建出被检工件的三维图像，从而实现大尺寸高密度物体的无损检测。

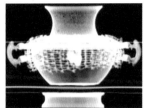

图8-14 重建的"陈璋壶"断层扫描图

此外，高能所还为中科院古脊椎动物与古人类研究所研制了国内首套化石CT，为国内考古学家解决了珍贵化石检测及研究的难题。利用该系统，中国的古生物学家们对4.2亿年前的古鱼化石进行了高分辨率扫描及三维重建与分割，发现

图8-15 4.2亿年前的初始全颌鱼及重建图像

其有典型的颌部结构，是迄今为止发现的最早拥有现代颌骨构造的生物。该发现揭开了颌骨起源的奥秘，弥补了从无颌到有颌的进化过程中的缺失环节，展示了人类脸部骨4亿多年前最早出现时的样子。

工业CT无损分析的方法很适合珍贵文物的研究，可以揭示出更多的古生物演化、历史信息，为我们了解历史、传承文明提供了新的手段和途径。另外，根据被检工件的材料及尺寸可选择不同能量的X射线，用于航空、航天、军事、冶金、机械、石油、电力、地质等领域。随着国家对大型工业构件可靠性和安全性要求的不断提高、逆向工程技术的发展、文物复原和精密检测等方面的需求，高能工业CT将在各行各业发挥越来越重要的作用。

⑧ 让"隐形杀手"无所遁形

如前面几节所述，高能物理研究相关的技术成果已有很多在医疗、农业、工业等领域发挥了重要作用。核能与核技术的利用越来越广泛，1千克铀235分裂时产生的能量等于250万千克煤燃烧时放出的能量，原子核转变所释放的巨大能量为解决煤炭、石

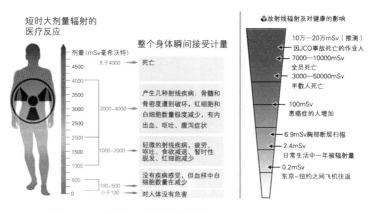

图8-16 短时大剂量辐射的医疗反应（图片来源：CFP）

油等天然能源枯竭提供了一种新途径。但是，核安全问题也日益严峻，核材料的天然放射性及其辐射危害使大多数人谈"核"色变，这也在一定程度上限制了相关行业的发展。

目前已发现各种天然的和人工制成的不稳定原子核几千种，它们能够自发放出射线。这些射线我们肉眼看不见也感受不到，当射线的能量和强度达到一定程度时，就会严重危害人体健康，轻者出现恶心、呕吐、脱发、出血等症状，严重者将导致死亡。

社会上放射源丢失、被盗等事故时有发生，危害巨大；利用核反应制成的核武器以及核电站事故均能造成大规模灾难，并且造成长久的环境污染。如果能够实时监测到放射性场所的放射性分布，并以图像方式实时展现出来，消除人们对它的排斥和恐惧，对维护社会安定有至关重要的作用。但常见的核监测设备只能以计数率的形式测量周围环境剂量，对于放射源的具体位置及剂量分布大多不能直观显现出来，监测时需要将监测设备放置在距离放射源很近的范围之内，检测效率低，且对搜寻人员的安全也存在威胁。

北京谱仪虽然探测的是正负电子对撞后产生的各种微观粒子，但相关的核探测技术完全可以用来探测环境中的放射性物质。自2006年起，中科院高能所科研人员就致力于将前沿的探测技术应用于核辐射监测研究及先进装备的研制，掌握了复杂本底环境下辐射热点及分布的远距离成像技术，并研制成功我国首台放射性射线成像仪。该设备采用孔径编码技术，使伽马射线快速成像，最后将射线源热点分布与可视化

图8-17　某场所放射源搜寻实验结果

图像融合，达到对远距离放射源的准确、实时、快速和直观的观测及搜寻目的。目前，该设备已成功应用于民用核燃料生产单位、核电站、工业放射源使用和生产单位、国家大型射线装置、医院放射科等核辐射场所的环境实时监测和安全评估。

随着世界反恐形势的日渐严峻，国际原子能机构于2001年5月召开国际会议，要求成员国采取必要措施，预防核材料的非法贩运与买卖，并推荐用于边境口岸的检测仪器应该具有探查发现核材料的最低检验要求，避免废弃无人看管的放射源"孤儿"被恐怖分子挟持并制成"脏弹"实施恐怖袭击，造成大面积环境的放射性污染。

📄 知识链接

脏弹 脏弹又称放射性炸弹，是一种大范围传播放射性物质的武器。它引爆传统的爆炸物如黄色炸药等，通过巨大的爆炸力，将内含的放射性物质，主要是放射性颗粒，抛射、散布到空气中，造成相当于核放射性的尘埃污染，形成灾难性生态破坏。与传统核武器不同，脏弹不产生核爆炸。但其引起的放射性颗粒传播，会对人体造成伤害。

2014年8月，高能所研制的便携式射线成像仪作为"核生化"安检设备服务于2014年南京青年奥林匹克运动会，排除放射性威胁，保证了青奥会的安全、顺利举办。2014年10月，亚洲太平洋经济合作组织（APEC）峰会在北京举办前夕，该设备用于放射源找寻对抗演练，能够快速准确定位放射源并进行核素识别，为APEC峰会顺利举办提供了技术保障。

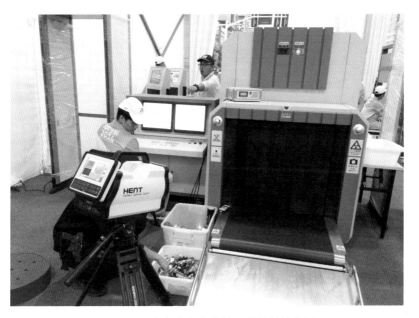

图8-18 南京青奥会安检通道放射性监测

📖 知识链接

安检设备安全吗 安检设备的大规模使用也使公众对其辐射安全性存有质疑。大部分安检设备会自发产生X射线，所产生的电离辐射是否会对公众健康产生影响？根据我国的《电离辐射防护与辐射安全基本标准》（GB18871-2002）规定，公众受到的人工辐射的年平均有效剂量的估计值不能超过1mSv，经过射线成像仪现场探测，位于安检仪半米距离处的辐射剂量率是0.2mSv/h，估算一个人每天上下班乘坐地铁，一年中安检仪旁累计的辐射剂量大概是0.012mSv，远低于国家的安全标准。

核安全是核能与核技术利用事业发展的生命线。随着国家核安全应急体系的不断完善、核安全文化的培育和持续推进、公众意识增强和事故处理能力提升，相信我国的能源结构调整将可顺利推进，核技术将在更多领域发挥它独特而神奇的作用。

基于加速器的粒子物理研究使人类更深入地了解了原子核的基本结构及其变化规律，表面看来无关当前国计民生，属于基础科学研究。而实际上，基础研究的结果直接奠定了人类今天的文明、文化和生活质量水平。北京正负电子对撞机的成功建造，对于我国高新技术发展、前沿技术产业转化、企业跨越式发展、国际竞争力增强、高科技人才培养起到了不可磨灭的作用。其所积累的各种技术成果在民用领域的成功应用，也一次又一次证明了国家大科学工程是科技创新的沃土。人类社会的发展离不开基础科学研究的不断探索。随着高能物理学科的发展和技术进展，其必将为人民保健、科技进步、工业生产、国家安全做出更大贡献，从而有力地推动人类社会进步。

第九章

未来的高能
对撞机

2012年7月4日，欧洲核子研究中心宣布在其大型强子对撞机LHC上发现了希格斯粒子，不仅高能物理学家为之振奋，各大媒体也争相报道。希格斯粒子的发现为标准模型奠定了最后的基石。然而，标准模型并不完备，尚有很多物理现象及问题不能用标准模型解释。希格斯粒子发现后粒子物理的研究将向何处去？我们期待未来的高能对撞机为我们指引方向并给出答案。

国际直线对撞机构想图。

① 希格斯粒子

在第一章我们介绍了粒子物理的标准模型，其中基本粒子可以分为两类：一类是组成物质的基本粒子，包括夸克、电子、中微子等；另一类是传递物质间相互作用的粒子，如光子、胶子等。其实，标准模型还预言了第三种基本粒子，它就是"赋予其他基本粒子质量"的希格斯粒子。

根据标准模型理论，基本粒子的质量都是由希格斯粒子赋予的。可以说，没有希格斯粒子就没有我们当今的世界。

夸克　　　　轻子

u c t γ H

希格斯玻色子

d s b g

ν_e ν_μ ν_τ Z

e μ τ W

传递力的粒子

图9-1 标准模型中的基本粒子

我们都知道，质量是衡量物质运动状态改变难易程度的物理量（更为严格的定义应该为改变加速度难易程度的物理量）。正如我们在水中前行，受到的阻力要远大于在空气中一样，我们同样可以想象，在充满希格斯场的宇宙空间中，无质量的基本粒子的运动会受到希格斯场的阻碍。可以认为，两者相互作用的结果，赋予了这个基本粒子以质量——反映了粒子运动的惯性改变的难易程度的起源。所谓大质量的基本粒子，实际上是因为它同希格斯场的耦合强度更大。反之，与希格斯场相互作用强度越小的基本粒子，其质量则越小。当然，也存在例外，比如传递电磁相互作用的光子，因为完全不与希格斯场发生相互作用，所以其质量为零，无法以静止状态存在，总是能以自然界已知的最大速度——光速运动。

假如希格斯场真的存在，那么就应该可以在足够高能量的加速器上看到它的量子激发态：希格斯粒子。从20世纪80年代开始，科学家就开始寻找希格斯粒子。在接下来的几十年里，大型加速器的能量越来越高，然而都没能发现希格斯粒子的踪迹。

为什么发现希格斯粒子如此困难？一方面是由于理论上并没有预言希格斯粒子的质量，而且初期实验受到加速器技术的限制，只能从几个兆电子伏特的能量开始寻找。通过对较低能量区间的逐段搜索和排除，科学家不断寄希望于建造更高能量的加速器。另一方面，希格斯粒子即使通过粒子对撞产生出来，它也会即刻转化（衰变）成其他粒子。

那么科学家如何探测希格斯粒子呢？方法就是去观测希格斯粒子衰变后的产物。比如说，一般认为希格斯粒子衰变时会产生两个光子，那么去观测这样的双光子，就有可能找到希格斯粒子存在的蛛丝马迹。但是，其他粒子衰变也可能产生双光子，如果实验上发现了一对双光子，我们不能立刻判断它们是希格斯粒子衰变产生的，还是其他粒子产生的。好在实验物理学家有一套被称作事例重建的办法：即先对加速器上产生的成千上万的数据进行大海捞针般的搜索，找出其中的双光子事例；再根据反应前后能量守恒的原理，即从加速器中产生的希格斯粒子携带的能量（质量）与其衰变后产生的双光子的能量应该是一样多的，先测量双光子的能量和，再反推出衰变前粒子的质量。随着数据的不断积累，如果重建后的结果在某个数值上特别集中，就意味着这个数值可能就是希格斯粒子的质量。当然，希格斯粒子衰变不仅可以产生双光子，也可能产生其他不同的粒子事例。通过测量不同衰变方式并相互印证，就可以对希格斯粒子及其质量进行确认。

20世纪80年代末，美国开始建造超导超级对撞机（SSC），其主要科学目标就是寻找希格斯粒子。计划中的SSC主环周长87.12

图 9-2 超导超级对撞机废弃的隧道（图片来源：Public Domain-US Government）

千米，对撞能量将高达40TeV，比当时能量最高的加速器——美国费米加速器国家实验室的质子—反质子对撞机（Tevatron）的能量高20倍，亮度高1000倍；比欧洲核子研究中心计划中的大型强子对撞机LHC规模大三倍（LHC周长27千米，最高对撞能量14TeV）。

然而，由于多种原因，SSC项目在历经7年的建设后被迫下马。美国因此失去了在高能物理领域的世界领导地位，发现希格斯粒子的时间也因此被推后了十多年。

② 希格斯粒子的发现

欧洲核子研究中心的大型强子对撞机（LHC）是一个大型国际合作项目，利用的是原大型正负电子对撞机（LEP）的环形隧道，由34个国家共同出资兴建，超过一万名物理学家和工程师参加，历经10多年。中国的高能物理学家参加了探测器的研制工作和数据分析工作，促进了中国的高能物理研究与国际先进水平的接轨。

图9-3　2012年7月4日，在欧洲核子研究中心发现希格斯粒子的新闻发布会上，恩格勒和希格斯平生第一次见面（图片来源：欧洲核子研究中心）

LHC于2008年开始运行。科学家过去花了60年的时间才得以发现的标准模型中除了希格斯粒子以外的全部粒子，在LHC上只要几个月就被全部登记在册了。2012年7月4日，欧洲核子研究中心宣布了一个振奋人心的消息：大型强子对撞机的两个实验组ATLAS和CMS发现了希格斯粒子，其质量约为125GeV。这是高能物理学家们期待了近半个世纪的重大发现。比利时物理学家恩格勒和英国物理学家希格斯因与希格斯粒子相关的理论工作，被授予2013年度的诺贝尔物理学奖。

希格斯粒子的发现，其意义远远超过了发现该粒子本身。希格斯粒子在标准模型中起到极其微妙而重要的作用，而它的被发现填补了标准模型拼图上的最后一块空白，使标准模型成为了一个真正意义上自洽的理论框架。

然而希格斯粒子的发现并非高能粒子物理学的终结，而是一个新的开端……

③ 粒子物理学的新时代

在本章第一节中我们曾经提到，标准模型并没有给出希格斯粒子的质量，因此从这个意义上讲，标准模型仍是一个不完整的理论，应该存在一个可以对希格斯粒子的质量等性质做出解释的更基本的理论。而且，标准模型同样无法解释宇宙学和天文学观测到的暗物质、暗能量、物质与反物质不对称等问题。暗物质与暗能量的本质是什么？作为质量起源的希格斯粒子是否与它们之间有着本质的联系？这些都是标准模型本身回答不了的问题，这也同样说明应该有超出标准模型的新物理。

在物理学中，每一个现象和理论，都对应于一个特定的能量标度（能标）。例如弱相互作用对应于100GeV的能标，希格斯粒子的质量正好处在这一能标。标准模型在电弱能区取得了空前的成功，把电磁力和弱力统一成电弱力。然而，它在高能区却存在很多的问题。比如，标准模型不能将强力（其理论为量子色动力学）、弱力和电磁力（其理论为电弱统一模型）统一为一个整体（即所谓的大统一理论），也不能解释为什么在电弱能标与大统一能标（10^{16}GeV）或普朗克能标（10^{19}GeV）之间存在高达十几个数量级的差别（这就是著名的等级性问题）。更为糟糕的是，希格斯粒子的质量本身会得到量子修正，而这种修正正比于新物理能标的平方。假如新物理处于大统一能标或者普朗克能标，要得到一个处于电弱能标的希格斯粒子质量，就必须存在极其微妙的两个大数相消。这一相消过程是那样的精细，充满了人为斧凿的痕迹，实在不像是自然界会有的自然选择。因此人们相信，在100GeV与10^{16}GeV之间存在新物理，其能标应该在10TeV左右。这样两个相消的"大数"就不那么大，希格斯粒子的质量就比较自然了（自然性问题）。

实际上，科学家从未停止过对新理论的探讨。其中超对称理论可以将电磁力、弱力和强力统一起来。该理论中存在多种希格斯粒子，其性质和标准模型的希格斯有很大不同。超弦理论则可以将四种作用力都统一起来，而该理论中不存在希格斯粒子。这些理论是否正确，只能通过实验来检验。目前普遍认为大型强子对撞机（LHC）上的实验无法给出明确的答案，还需要建造新的加速器，例如技术设计较成熟的国际直线对撞机（ILC）、紧凑型直线对撞机（CLIC）和我国提出的环形正负电子对撞机及超级质子对撞机（CEPC-SppC）。

总而言之，希格斯粒子的发现是高能物理学的一个里程碑，它表明了我们对10^{-16}厘米尺度的物理有了深刻的理解。同时，它也对高能物理学的下一步发展和探索指出了极其有意义的方向。

④ 国际直线对撞机

20世纪80年代末，当欧洲核子研究中心确定要建设大型强子对撞机（LHC）时，科学家就开始讨论LHC之后要建造什么样的加速器。当时人们普遍认为，要想清楚地揭示微观世界的规律，实验就要做得足够精细。虽然LHC上质子—质子对撞的能量高达

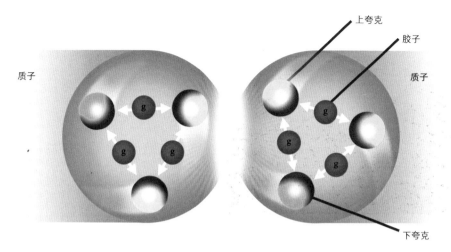

上夸克

胶子

质子

质子

下夸克

图9-4 LHC上质子—质子对撞示意图

TeV量级，但是我们知道，质子是由3个夸克组成的复合粒子，这使得反应过程异常复杂；而正负电子对撞的初始条件比较简单，因为电子和正电子本身就是基本粒子，可以看作没有结构的点粒子，实验的数据更容易分析，实验结果也更精确。LHC是环形对撞机，我们已经知道环形对撞机存在一个难以逾越的问题就是同步辐射损失，即加速器中的粒子在环形轨道中偏转时会沿切线方向产生同步辐射光，导致正比于能量四次方的高功率能量损失。到了一定程度，加速的能量赶不上损失的能量，环形加速器就无法工作了。经过20多年的讨论，国际高能物理学界达成共识，认为下一代的对撞机应该是质心能量达到500GeV的正负电子直线对撞机，以进一步检验和深化LHC的实验结果，并寻找超越标准模型的新物理现象。

2004年8月，国际未来加速器委员会在北京宣布下一代直线对撞机的名称为国际直线对撞机（ILC），并确定采用低温超导加速技术方案。随着欧洲、北美洲和亚洲的高能物理学家长期合作，对ILC的加速器技术、探测器技术和物理分析等方面进行广泛研究，各种技术已较为成熟。预期ILC的长度达31千米，电子和

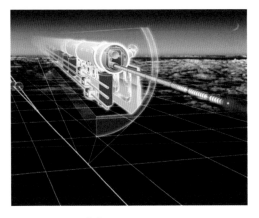

图9-5 ILC构想图

正电子分别在两个超导直线加速器中被加速，加速腔内的温度接近绝对零度（零下273摄氏度），以保证超导加速腔的正常工作。250GeV的电子与250GeV的正电子迎头相撞，对撞能量将达到500GeV。完成第一阶段的实验后，ILC还可以升级改造成长50千米、对撞能量1TeV的对撞机。

2013年，日本的高能物理学界正式提出希望承建ILC。欧洲和美国的高能物理学界始终对ILC项目大力支持，并积极参加有关组织和管理工作。我国针对ILC项目也开展了多方面的研究工作，取得了初步成果，并成为ILC国际合作中的重要参与方之一。但ILC最终是否能够开建，前景至今还不明朗。

⑤ 未来环形正负电子对撞机及超级质子对撞机

在设计国际直线对撞机时，人们不知道希格斯粒子有多重。为保险起见，ILC的能量设计为500GeV甚至1TeV。发现希格斯粒子的质量只有125GeV以后，国际上有科学家提出也可以建造环形正负电子对撞机来研究希格斯的各种性质，其价格相对便宜，技术简单，事例率可以很高。这个设想被称为"希格斯工厂"，即能大量产生干净的希格斯粒子的对撞机。

我国科学家看到这个机遇，在2012年9月提出在环形正负电子对撞机的隧道中可以建造一台质子—质子对撞机，就像当年欧洲核子研究中心的LEP与LHC的关系一样。该项目的具体计划是

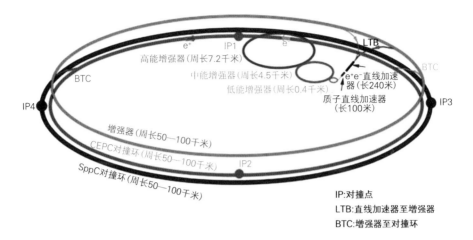

图9-6 CEPC-SppC加速器设计示意图

在2022年至2028年间，建造一台对撞能量在90—250GeV的大型环形正负电子对撞机（CEPC），作为Z^0粒子工厂和希格斯工厂，对Z^0粒子和希格斯粒子的物理性质进行精确测量，并检验标准模型，寻找偏离标准模型的新物理和新现象。在2035年至2045年于同一隧道建造对撞能量在100TeV左右的超级质子对撞机（Sp-pC），进一步对标准模型进行精确测量，并直接寻找超出标准模型的新现象和新粒子。

CEPC-SppC方案很快引起国际高能物理学界的关注。大型环形质子对撞机成为大家讨论的焦点，并成为未来发展的一个重要方向。国际未来加速器委员会2014年2月宣布将支持这样的研究并鼓励全球合作。欧洲核子研究中心于2012年底也提出建设未来环形对撞机（FCC）的计划，其中虽然也包括正负电子对撞的可能，但其主要方向是100TeV质子对撞。

CEPC瞄准的是粒子物理学目前的首要核心问题：希格斯粒子。它是粒子物理标准模型中最后一个被发现的基本粒子，也是最重要的基本粒子，其性质需仔细研究。比如我们要回答希格斯粒子是否是点粒子，其性质与标准模型预言是否符合，有没有其伴随粒子等。这些问题的回答对下一步100TeV的质子对撞机具有重要指导意义。它将极大地提升我国的高能物理乃至整个基础物理学的科研水平，催生大量原创性的高新技术。这是国家全面发展的一个难得的历史机遇。

CEPC的建设与科学研究将需要国内外上万名科学家与工程师，用国际化的方式运作、管理，因此需要建设一个国际化的大型科学研究中心。依托该研究中心，还会有许多相关设备及服务企业，围绕该中心可以建设一个国际科学城，并发展成为一个世界科学中心。

《自然》杂志分别在2013年底和2014年发表文章，对中国提出建造超级对撞机建议的时机以及相关的技术难度等关键问题进行了客观的分析，认为中国的政治和经济环境都已成熟，很可能获得成功。文章强调，中国的建议将在中、美、欧之间产生良性的激烈竞争，中国已具有建造超级对撞机的能力及信心，超级对撞机是全世界的共同目标，只有依靠国际合作才能完成，中国如

图9-7 《自然》《今日物理》等刊物刊登的CEPC评论性文章

果能实现这个建议，将完成一个巨大的飞跃，有可能成为世界高能物理的核心。著名物理学杂志《今日物理》2014年7月也刊文指出："中国人是认真的，他们有可能实现。这个项目的建成，可以确保中国成为（该领域的）世界领导者。……这对中国有好处，对物理学也有好处。"

2015年9月，诺贝尔物理学奖获得者格罗斯（D. Gross）、菲尔兹奖和美国国家科学奖章获得者威滕（E. Witten）在《华尔街日报》发表文章，对CEPC项目给出高度评价，认为中国将可能因该项目一跃成为世界重要前沿基础学科的领头羊，"希望看到中国能进一步推动该项目，同时，为了科学和全人类的共同利益，我们呼吁美国参与这一项目并做出贡献"。

结 语

几百年以来，对物质微观结构的研究，从分子、原子到原子核、基本粒子，在相当程度上引领了人类科学的发展。高能物理学研究的是物质的最小结构及其规律，在整个科学领域占有重要的、特殊的地位，诞生了几十位诺贝尔奖获得者。高能物理的研究手段覆盖领域宽广，辐射能力强，从加速器、探测器到低温、超导、微波、高频、真空、电源、精密机械、自动控制、计算机与网络等，在很大程度上引领了这些高技术的发展并得到广泛应用。

中华人民共和国成立后，我国的高能物理研究从零起步，虽历经曲折，但在老一辈科学家不懈努力之下，终于在激烈的国际竞争中脱颖而出，逐步走向辉煌。今天看来，北京正负电子对撞机仍然是当时所能做的最好选择：最具科学意义；使中国科学院高能物理研究所获得了长达20年的发展空间，在国际高能物理领域占领了一席之地；培养了一支具有国际水平的科研队伍，推动了国内其他大科学装置的建设。计划中的CEPC-SppC，是一个承载国家科技发展梦想、引领未来技术进步的战略科学工程，将使我国高能物理研究实现从"占有一席之地"向"世界全面领先"的跨越，并带动工业技术水平的创新发展。

我们希望再通过30年左右坚持不懈的努力，使中国以CEPC-SppC为核心，建成国际一流的科学研究中心，为实现科技强国的"中国梦"提供强有力的支撑。

缩略语表

AdA	Anello di Accumulazione	世界上第一台正负电子对撞机
AGS	Alternating Gradient Synchrotron	交变梯度同步加速器
ALICE	A Large Ion Collider Experiment	大型离子对撞实验
ATLAS	A Toroidal LHC Apparatus	超环面仪器实验
BEPC	Beijing Positron Collider	北京正负电子对撞机
BES	Beijing Spectrometer	北京谱仪
CEPC	Circular Electron Position Collider	环形正负电子对撞机
CERN	European Organization for Nuclear Research	欧洲核子研究中心
CESR	Cornell Electron Storage Ring	美国康奈尔大学正负电子储存环
CMS	Compact Muon Solenoid	紧凑μ子线圈实验
CT	Computed Tomography	X射线计算机断层扫描
HERA	Hadron Electron Ring Accelerator	强子—电子环加速器
ILC	International Linear Collider	国际直线对撞机
INFN-LNF	Italian National Institute for Nuclear Physics – Frascati National Laboratory	意大利核物理研究所 弗拉斯卡蒂国家实验室

续表

KEK	High Energy Accelerator Research Organization	日本高能加速器研究机构
LEP	Large Electron Positron Collider	大型正负电子对撞机
LHC	Large Hadron Collider	大型强子对撞机
LHCb	LHC beauty	LHC 底夸克实验
PANDA	Anti-Proton Annihilation at Darmstadt	德国的反质子湮灭实验
PDG	Particle Data Group	粒子物理学国际合作组
PEP	Positron Electron Project	正负电子对撞机
PET	Positron Emission computed Tomography	正电子发射断层扫描成像技术
PETRA	Positron Electron Tandem Ring Accelerator	正负电子串联环形加速器
PST	PVC Streamer Tube	自猝灭塑料流光管
RPC	Resistive Plate Chamber	阻性板室
SLAC	SLAC National Accelerator Laboratory	美国斯坦福大学直线加速器中心
SPEAR	Stanford Positron Electron Asymmetric Ring	斯坦福正负电子非对称环
SPECT	Single Photon Emission Computed Tomography	单光子发射计算机断层成像
SppC	Super Proton-Proton Collider	超级质子对撞机
SURF	Synchrotron Ultraviolet Radiation Facility	同步辐射真空紫外射线装置
TOTEM	Total Cross Section, Elastic Scattering and Diffraction Dissociation	全截面弹性散射探测器实验

图书在版编目(CIP)数据

探索微世界：北京正负电子对撞机 / 王贻芳主编. -- 杭州：浙江教育出版社，2015.12（2016.10重印）
中国大科学装置出版工程
ISBN 978-7-5536-4037-2

Ⅰ. ①探… Ⅱ. ①王… Ⅲ. ①正负电子对撞－对撞机－中国 Ⅳ. ①O572.32

中国版本图书馆CIP数据核字(2015)第317788号

策　　划　周　俊　莫晓虹
责任编辑　江　雷　　　　　　责任校对　陈云霞
美术编辑　曾国兴　　　　　　责任印务　陈　沁

中国大科学装置出版工程
探索微世界——北京正负电子对撞机
TANSUO WEISHIJIE
——BEIJING ZHENGFU DIANZI DUIZHUANGJI

主　　编　王贻芳

出版发行　**浙江教育出版社**
　　　　　（杭州市天目山路40号　邮编：310013）
图文制作　杭州兴邦电子印务有限公司
印　　刷　杭州富春印务有限公司
开　　本　710mm×1000mm　1/16
成品尺寸　170mm×230mm
印　　张　18
插　　页　2
字　　数　362 000
版　　次　2015年12月第1版
印　　次　2016年10月第2次印刷
标准书号　ISBN 978-7-5536-4037-2
定　　价　45.00元

联系电话：0571-85170300-80928
e-mail: zjjy@zjcb.com　网址：www.zjeph.com